葡萄酒之路

LA ROUTE DES VINS

王露露　著

内蒙古文化出版社

波尔多葡萄酒产区

序

图卢兹市立图书馆捐书

把酒话桑麻

我是不安分的媒体人，想做调酒师，半辈子却搭给了新闻，编稿写稿，墨守成规，不温不火，身在曹营心在汉。2018年，图卢兹市立图书馆《行走的生命》捐书仪式上，我这样归纳自己。

为何坚持？潜意识中，记者的"使命感"还在。

"有点遗憾，你要做酒早发了。"南法葡萄酒学院学生直入主题。

不为赚钱，是兴趣，读大学时中国还没设葡萄酒专业，否则不选外语。从少时文艺兵梦想落空到鬼使神差进媒体，始终做讨别人喜欢的事，中年有了危机感，决定习酒，做热爱的事，讨自己开心。

我特别容易接受并爱上各种酒，葡萄酒、啤酒、苹果酒每日相约，高粱酒、威士忌、白兰地时有小试。书中，父亲的二锅头和比利时修院啤酒，都是记录酒在我生命中"发酵"的轨迹。

近年，相继走了勃艮第、香槟、阿尔萨斯和波尔多的葡萄酒之路，开阔宏大的葡萄园画卷般铺展在山峦平原，以粗疏的原始形态呈现欧洲农业大国气度，颠覆"浪漫法国"的定义。现代化飞速发展很难在那儿得到体现，城乡建设一百年前啥样还啥样，人们住19世纪的房子，用三百年前的旧码头，跑拿破仑时代的窄公路，没外卖，没手机快捷支付，没空调，却有亘古不变的绿水青山、马牛猪羊，像极了我的小时候。中国老话"一亩地两头牛，老婆孩子热炕头"用这儿正好。

葡萄酒之路覆盖南北西东十四大产区，数以百计以"葡萄酒之路"命名的老街深巷，延伸法兰西葡萄酒旧世界的远年荣耀。毛驴、奶牛散漫山林原野，大鸭率小鸭列队穿街走巷，通俗地撑起以葡园、麦垛和葵田为统帅的自然生态，恍若在中国清朝，引弓涉猎，篝火盘旋，酒肉飘香，人笑马嘶。

没心没肺走酒路喝百家酒后，我参加了"波尔多葡萄酒职业理事会"的培训班，系统梳理酒脉，潜心扎进大酒庄和小作坊实践观摩，并几次深入宁夏贺兰山葡萄园和山东沽化采访、调研。那段时间我只与葡园、酒庄为伍，田间地头，结识了一些政府官员和跨国公司高级主管，听他们讲义无反顾弃商从农、享受天地间乘风破浪的传奇。

务农在法国是份光荣的职业，酒农以土地为乐，以生态为上，开小排量手动挡两厢车，穿洗出破洞的衬衫，他们的幸福在山水田畴，不富不穷，不为钱豁命。与酒农一同摸爬滚打的日子，不单对种植和酿制略知一二，还树立了另一种思维，摒弃奢华，放下虚荣，享受生命，不为终年挤地铁感到寒碜，不再一根筋为所谓"敬业"不舍昼夜。

在重新审视中西方不同文化背景中的乡村，在食事、生态和民俗的比较和鉴别中，我找到物质和精神的共情：关于美酒，关于生态，关于人间。

这，便是我在葡萄酒之路收获的最大红利。

在圣·埃米利翁的玛德莱娜酒庄（Clos La Madeleine），酿酒师对我敏感的嗅觉和试口感赞许有加，我能连续喝数种酒，凭借酒香的微妙变化，准确说出哪款是"纯风土酒"，哪种为"混酿"，并从单宁丰腴度甄别葡萄接受阳光和雨水的多寡正确判断葡萄年份。酒业人遗憾我"这块好料"不做酒太可惜，中国少了名优秀高级酒管，虽玩笑，却也说明我有激情，也有好鼻子。

在酒庄实习，我懂得了葡萄酒原本是自由的，无人深究它是覆盆子还是橡木味，把酒论道，现实中并不适用。酒入口，一个"好"或"不好"，简短评论点到为止，然后便卷进海阔天空的东聊西扯，这便是喝葡萄酒的原始格局。酒是佐餐饮料，为聚会闲聊服务，而非拿腔捏调附庸风雅。

酒农称，酒呈何味，是酿酒师的事，饮者只管喝。喝酒是真真儿"喝"，写成"boire"，不说"品"（déguster），品酒只发生在你要进酒的酒庄。此书着墨酒的自由属性，不涉品鉴。

我把更多的笔墨给予打点河山的人群，农者闪亮登场成为主角，纸页间，庄稼苗壮，狗吠深巷，鸡鸣桑树。这是书写烟火人间、劳动光荣的篇章，也是致敬农者的赞歌，由此构成朴质的农耕文化积淀和清朗的精神主轴，澎湃着看得见山、望得到水、记得住乡愁的家国情怀。

我嗜饮，但非酒鬼，拒绝狂饮烂醉，啜后清醒，酒酣心阔，落笔清澈。喝葡萄酒与所谓"有品"无关，纯属个人味觉的自动选择，就好比有人爱喝可乐，与我每年中秋要囤上 10 多斤月饼一样，就好这口。从大酒庄柏图斯（Petrus）到小酒庄女婿堡（Château Tour des gendres），领受大酒的深厚，也发现小酒之波俏。

葡萄酒之路隐秘的战场遗迹，叠加着我对葡园更深沉的热爱，诺曼底登陆、敦刻尔克大撤退，为酒庄酒事注入威凛雄风。每一次战场归来，心绪跌宕，灵魂纯粹，每场战事的书写充满对英雄的敬仰，少时衍生而来的军事情结更为凝重。葡萄酒于我，血性而刚毅。

李白时代，无数诗人穿梭三峡白帝城，周旋山水吟诗作赋，最终屹立盛唐中心地位的不是帝王、将军和贵妃，而是诗人。于是，有了余光中《寻李白》"酒入豪肠，七分酿成了月光"的诗句。

葡萄酒之路，三分，我酿成了文字。

喜欢大地文明，脚踏上，就是路，向往归园田居，欢言酌酒，不豪华也不寒酸，前院柿树，后院葡田，眼睛不迷乱，灵魂不放纵。

在天地间奔走，于键盘上游刃。

小文落纸页，大文，栖远方旷野。

目 录

第一章 酒路当歌：酒庄·酒事

第二章　酒路人物：庶民·名仕

第三章　酒路风景：村庄·古迹

后　记

第一章

酒路当歌

酒庄·酒事

酒路万里

葡萄酒之路——La Route des vins，广义上特指阿尔萨斯一百七十公里的酒路。

坐拥千年历史的葡萄园，跨越法、德边界，既有法兰西的前卫奔放，又具德意志的严谨执着，两种气质打造出独树一帜的阿尔萨斯葡萄酿制体系，从葡园地理形态、酒包装、酒标设计，到葡萄品种和分级制度，标新立异，个性张扬。

借都德的光，阿尔萨斯土地浸润了文学养分，葡萄园沿坡道渐次铺开，像散落人间的圆形剧场，庞大的戏剧效果充溢着《最后一课》的爱国激情。

仲夏，驾吉普奔驰阿尔萨斯葡萄酒之路，夕阳中，穿越灿如火阵的农舍，万顷葡园沐浴金色晚霞，瑰丽浩瀚，天地间，光芒万丈，一派疏朗……

这是一条热情奔放、构筑梦想的路。

南下，走过勃艮第、博若莱产区，当远处层峦叠嶂朦胧在烟霞中，同一国家不同风格的波尔多葡萄酒产区，茫茫在目。

波尔多葡萄酒之路，东西南北四向辐射，迂回蜿蜒，时而俯冲，继而攀爬，大西洋海风拂掠的葡萄园，铺天盖地，气势宏大，站在任何角落，目光所及，唯时光与绿色种植起落跌宕。

春天，艳黄色的芥末花蓬勃陇上，催生古老的葡萄树渐次苏醒，芥末树作有机肥料，是创新，也是装饰。三月，陌上花开，缓缓归也。

黄色芥末花是葡园肥料，也是风景

    这里，浩瀚田圃几乎霸占所有土地。公路都要让其三分，修得狭窄，窄到相向而行的车辆擦肩而过需相互溜边避让。而这样一条条在葡园开辟的阡陌，脉络清晰，曲折盘旋，秩序隐秘着以圣·埃米利翁（Saint‐Emilion）为主打的数百间酒村和几千家酒庄，世界顶级庄园柏图斯（PETRUS）、白马亦跻身其列。

    纵横十万公顷的葡萄园，集合起占当地人口五分之一的酒农，每年九亿瓶葡萄酒纵列可从地球排至月球，这场景，想想都壮阔，像极了好莱坞大片的叠化镜头。

酒路阳光充沛，生态素简，葡园、酒农，循环往复，简单而不单调。山峦，平原，村舍，次第排列，优雅从容，适合存放生活和亲情。

统一高度的葡萄树，百折千回铺排成几何图形，立体中见规整，简明中现创意。面对如此井然的方阵，我惊叹经纬仪和定位器的运用，能让葡萄树在任意角度都拥有垂直和水平的艺术美感。这里的酒农，智慧全部奉献给了葡萄。

波尔多酒路吸引过大师巨匠的居住，蒙田曾隐居在圣·米歇尔·蒙田酒村（Saint-Michel de Montaigne），他把葡园深处的色彩，汇成千百篇《蒙田随笔》成为普世的"生活哲学"。路易·威登还选用"蒙田"（Montaigne）命名一款最畅销、最经典的手袋，让哲学思想背在大众肩上，启迪生命。

弗朗索瓦·莫里亚克也是从波尔多酒路杀出来的作家，他继承母亲的酒庄，居住，耕种，写作，拿诺贝尔文学奖，并得出"沉湎于葡萄酒之外的生意都是可耻的"结论。

驾车行驶，我总会避开高速跑乡村路，窗外，葡萄树极速掠过，园阔天高，橡树挺立，日光炯碎，大西洋忽然翻脸卷来一阵风暴，随即，雨后初霁，彩虹飞架。一群大鸭率小鸭上路闲步，一头小鹿跃出葡园横穿马路奔向对面的葵田，于是，一公里长的机动车大部队，统一刹车集体让行，这景象，稚趣又壮观。

停车，扣上草帽，架起墨镜，提着笔记本电脑，扎进园子，趁热情佯装敲上几句，波尔多八月的阳光太闪，完全辨不清屏幕，干脆，顺势躺下，紧贴沙土，葡萄树下，竟像生命中的另一张床，看得见天空，望得到梦想。

数百个酒村，几千家酒庄，慢慢儿开过去，一路喝到挂，便有误入桃花源的错觉，高坡俯瞰，气韵深远，豁然开朗。

Bergerac 葡萄酒产区

葡萄酒之路，不是故弄玄虚的张扬，也没有炊烟缭绕的世俗感，正是这种淡默河山的姿态成就了西南葡萄酒文化，吸引各路人马，购房置地安家落户，在乡野的宁静中，领受时光，挥洒生命。

中国商人涌来投资酒庄，种植葡萄，开展酿制，不同人群和文明，在波尔多乡野发生大规模的融合、碰撞。

人类自古追逐开阔的文明，或河川奔涌，或葡园广袤，都可能成为生命的便道。波尔多两百多公里的酒路，开车两小时即走完，也可用一天，一星期，一个月。

我用了好几年，慢板，闲逛，急不来，十天奔走十个城市的套路不适用。

因为，路上的每一季，每一人，都崭新！

香槟三寡妇

世界上的酒都有一段传奇，比如比利时啤酒源自修道院修士，比如香槟酒的历史与寡妇有关。

波尔多第二大学酿制系老师安德列，香槟酿制工艺课开讲前，直接用香槟寡妇开场，"了解香槟一定不能忽略那些曾在香槟里行走的悲情寡妇""众多传奇香槟酒厂的掌门人都是寡妇"。

他说，凯歌香槟（Veuve Clicquot），罗兰百悦香槟（Laurent-Perrier）和波马利香槟酒厂（Pommery）的三位寡妇名气最大，她们分别是 Veuve Clicquot，Veuve Perrier 和 Veuve Pommery，法国业界戏称"香槟三寡妇"（Les trois veuves du Champagne）。

1798 年，弗朗索瓦·凯歌（Francois Clicquot）娶了妮可·芭布·彭莎登（Nicole Barbe Ponsardin），一个是香槟区大酒商的儿子，一个是男爵的女儿，童话中的王子和公主，生活幸福，生意红火，不料丈夫猝死，27 岁的彭莎登夫人一夜守寡，挥泪接手家族酒务。

在酿酒师帮助下，彭莎登发明了突破性的香槟"转瓶"工艺（remuage），极大提高了"除渣"（dégorgement）效率，从而开启香槟工业化大规模生产的序幕。"转瓶"让香槟酒变得清澈晶莹，令无数追捧者对品相时尚的气泡酒趋之若鹜，并配以水晶酒杯饮啜，意外促进了水晶产业崛起。

1812 年，彭莎登将六千箱香槟海运至俄国，这批"彗星年份香槟"（Cuvèe de la Comète）是香槟的好年份，也是首次运用转瓶工艺，酒体清澈，深得沙皇亚历山大一世宠爱，这款专供俄罗斯市场的"圣彼得堡特酿"（Cuvèe St. Petersburg），酒厂一直在做，长青不败。

业界为此授予彭莎登"伟大的香槟女士"（La Grande Dame du Champagne）称号，她亲手缔造的凯歌香槟酒厂，以独到的创意，跻身世界声名显赫的香槟酒厂的行列。凯歌香槟大部分销售海外，据说平均每隔 3 秒半，地球的某个角落就有一瓶凯歌香槟砰然开启。

这位传奇寡妇从没离开过法国，也没再婚，她把对亡夫的爱与思念全部投入酿制，以独特的商业模式缔造了一个香槟帝国。

三寡妇之二是开创"罗兰百悦香槟"辉煌的马蒂尔德·艾米丽·百悦夫人（Mathilde Emilie Perrier），丈夫去世后，百悦夫人接手酒厂潜心酿制，把自己的姓氏 Perrier 加到丈夫姓氏 Laurent 后面，将品牌易名为"Laurent-Perrier（罗兰百悦香槟）"。

一战、二战期间，酒庄举步维艰生意萧条，这时，半路杀出个香槟兰颂酒庄（Lanson）的小寡妇——玛丽·露易丝·德诺南库尔（Marie-Louise de Nonancourt），她买下濒临破产的罗兰百悦，于烽火连绵的二战中艰难维持酒庄运营，并于二子在前线作战时，把 10 万瓶香槟藏在墙后，期待战后酒庄复兴。大儿子不幸战死疆场，二儿子贝尔纳·德诺南库尔从战场凯旋后接管酒庄，之后的 50 多年，在其管理下，罗兰百悦从当年名列百名之末的香槟酒厂发展成排名第三的香槟巨人。罗兰百悦香槟和凯歌香槟，两个牌子孰高孰低，也许，"只在伯仲间"的形容最贴切。

第三位著名的寡妇是路易斯·波马利（Louise Pommery）。波马利酒厂老板亚历山大突然亡故，年轻的路易斯带着两个子女接手打理酒行。她的一生堪称半个世纪前凯歌香槟酒厂彭莎登夫人（Madame Ponsardin）的翻版，这两个魄力女人的远见和实践都给香槟产业带来了革命性的改变。

这是一位奇女子，不仅有超前的酒厂经营理念，更具香槟制造的执着和热情。她将酒行定位成"品质第一"，增加葡萄田投入，在伦敦设立办

香槟省酒村

常购的几款香槟，
小瓶是 Veuve Clicquot

公室，打造波马利品牌在法国和英伦市场的名望。

　　她干得最漂亮的一件事，是从香槟区最古老的酒厂辉纳尔（Ruinart）手上，买下18公里长的地道，将这些古罗马时代高卢人留下的矿道，改造成集历史文化、香槟储存和艺术品收藏于一体的旅游景点，堪称世界最早的"主题公园"。为吸引赴南法"蓝色海岸"度假、途经香槟省的英国人，她在兰斯（Reims）动工兴建了气势恢宏的波马利英式庄园城堡，成为香槟省珍贵的文化和商业遗产。

　　波马利夫人具有敏锐的商业嗅觉，她看准英国人喜干型、偏酸香槟的嗜好，果断实施香槟史无前例的改革，与酿酒师携手研发出一种更为轻盈、细致优雅的干型香槟（champagne brut），那款波马利皇家干型香槟Pommery royal brut列入波马利酒庄的永久经典珍藏。

　　我也是 brut 干型香槟的追崇者，此款香槟从糖分多余的修饰中解放出来，追求自然品质和纯粹，让香槟更具收敛简洁的特质。

　　波马利酒庄后由波马利夫人的女儿和女婿继承，之后被酩悦·轩尼诗·路易威登集团（LVMH）收购。说起 LVMH 集团，不得不感叹有钱真好，能任性买下世间所有精品酒庄。如果你在法国任意一家 LV 专卖店里

酒农家窗台

转悠，服务生递过来的免费香槟一定别拒绝，喝过 LV 的香槟，别的香槟只有靠边儿站的份儿。

从 18 世纪欧洲紧跟法国潮流饮用香槟，到现在香槟成为节日欢聚不可或缺的饮品，三名寡妇功德无量。在醇正清雅的气泡中，我们看到为香槟事业孤军奋战的女性身影，同时，也领受着充满激情和快乐的香槟产业。

三位香槟寡妇都活到八九十岁，足以说明，做香槟是份快乐的职业，喝香槟更是美意延年。

读完三寡妇的故事，选择香槟时，只要酒标上有"寡妇"字样，拿下，别犹豫！

香槟直接用了产地香槟的名字命名，香槟省，是法国波尔多和勃艮第之外的三大葡萄酒产地之一，只有产自香槟省的香槟才叫香槟，其他地方的香槟只是采用了香槟酿制法，酒瓶上不能标注"香槟——champagne"，只能标"起泡酒——vin mousseux"。这专利，绝。

听完香槟三寡妇的故事，我说，以后喝香槟可能会从中喝出寡妇的坚贞气度。

"那当然，比如极干型香槟（extra brut）正是具有这种坚毅气质。"安德列很肯定。

在培训班，我最喜欢安德列的酿制课，他不教条，不拘泥理论，喜欢海阔天空、天花乱坠地讲些酒段子，这与他从事酿酒师的工作经历有关，从酒庄一线出来的老师，骨子里流淌着更多自由奔放的因子。

对，就像香槟的气泡，洒脱无羁，明澈、清亮。

啤酒缘

一大早看到友人私信：比利时啤酒收入世界非物质文化遗产名录。

有点小兴奋。看日历，这天是 2016 年 11 月 30 日。相对比利时啤酒五百年的历史，这一天似乎来得太晚。

游走普世餐桌的寻常饮料升级为非遗，不能不说是人类文化范畴的幸事。当日，比利时啤酒酿造协会总部大楼拉出巨幅标语：你身边的一切都可能是世界遗产，比如我们的啤酒。

啤酒种类繁杂，每个地域都有酿制史和传世配方，德国啤酒，更因慕尼黑啤酒节而身价不凡，几乎成了世界顶级啤酒的代名词。为什么是"默默无闻"的比利时啤酒入围而非德啤？

事实上我的首次外国啤酒体验就发生在比利时，喝的是 Hoegaarden，京东网译成"福佳"，一款畅销全球、从不做广告的修道院白啤。

20 世纪末，我来新鲁汶大学上学。中国驻比利时使馆教育处组织留学生参观 Hoegaarden 啤酒厂，称"了解啤酒就认识了大半个比利时"。

车子载着二十几个新生直奔弗拉芒区 Hoegaarden 小镇，村口，交通转盘中央安置了一只铜质酒樽，粗硕高大，展示修道院啤酒的前世今生。

在老城，我们在一扇铸铁门前停下，院中那座红砖宗教建筑，凝重的外表和森严的构造，解读出中世纪僧侣济度苍生的岁月，很难将它与啤酒厂联系起来。

正疑惑，铁门左右迅速站了两溜儿穿黑色礼服的金发帅哥，殷勤地将托盘上斟好的一杯杯白啤递到我们手上。

啤酒屋酒幌

接过酒杯，一股甘淡、清冽麦芽香扑面，端起直饮，顿觉周身舒爽，咽清志明。

讲解员解释着白啤在木桶的二次酿制引发的泡沫和烟雾效果，示范正确使用酒杯、倒酒，及如何控制泡沫的规矩。

我们手持酒杯，在白啤和金啤的不断错位，在不同颜色的啤酒搭配不同形状酒杯的转换中，醉意陶然进入啤酒的历史、原材和酿制。

走进车间，醇香蒸腾，传送带上，一瓶瓶 330 毫升和 250 毫升的棕色小玻璃瓶，昂首列队，依次完成着装瓶、封盖、贴标、喷码、封箱的过程。讲解员说，Hoegaarden 啤酒也会过桶，原木桶装的白啤各大超市有售，价格比瓶装贵。

啤酒也会像红酒躲进橡木桶？我问是不是各类酒的酿制大同小异，只是配方不同罢了？

"可以这么说，比利时最好的桶装啤酒是朗狮，不是我们的 Hoegaarden，朗狮主料也是大麦，加了蛇麻草和莓类，凸显果香。"他说此类酒被称为

Hoegaarden, 欧洲最畅销的白啤

Kriek，是啤酒的粉红香槟，色艳，酸甜适中，无一般啤酒的苦涩，深得女士追捧。

我看到，车间外墙上，用英语和法语刻着一段话：也许当年修道院隐士有大把时间，也许无事做太无聊，抑或实在厌倦了一成不变的弥撒酒，他们决定开始酿制啤酒，于是一发不可收，Hoegaarden 啤酒就此诞生。

哪位先生满腹经纶，诙谐凝练地概括出啤酒的起源？

解说员还拎出一则趣话：当年，除了默想、读经和酿酒，隐士们从不说话，晨起唯一的招呼是"兄弟，早晚一天我们会死去"。

学生，一片哄笑……

他说"此非笑话，是中世纪隐士常规的问候。"

"多不吉利啊。"有学生窃窃私语。

"于修行人，生死不在世俗范畴，领悟于此，权当把'兄弟，终有一天我们会死'看成提升修院啤酒品质、调动食趣的调味元素吧。"小伙子口才太好，流畅地在英语和法语中自由切换，比利时人的语言天赋再次得到印证。

一款修道院啤酒，历经最初销售所得赈济穷人的慈善义举，继而走出高墙深院，成为比利时啤酒的重要流派，并以大麦、小麦加香菜和橙皮的配方，跃居全球最畅销的餐桌饮料，堪称文化意义非凡的饮品传奇。

一千多万人口的小国，拥有一千两百多种啤酒，单看两个对比数字，也是醉了。比利时啤酒低调、谦虚了五百多年，最终被认定非物质文化遗产，"酒香不怕巷子深"送给比利时啤酒，正好。

在欧洲各地，没有餐馆和超市不卖 Hoegaarden，这个发音拗口、写出来怪异的字，几乎成了欧洲白啤的标签。有人说，在餐馆就餐，不要一杯点缀几片柠檬的 Hoegaarden，就不算体验过比利时餐饮文化。

欧洲超市，Hoegaarden 白啤货架占位多、品种充沛，从一提 330 毫升的 6 瓶装、12 瓶装、24 瓶装到桶装，让你挑花眼。酒量小的，那款圆嘟嘟、矮墩墩 250 毫升的迷你装，已足够酒未饮心先醉。

不知哪年，Hoegaarden 啤酒突现北京家乐福，最初价格 30 多一瓶，相比欧盟市场 0.9 欧元的价格显然离谱，若干年后逐渐降至 11 元维持至今，网购促销时，一瓶 330 毫升的白啤 9 元拿下。

寻得一款适合的酒，好比遇到合适的人，两种遇见都需缘分。

Hoegaarden 以醇洌、青涩的芬芳，澄明味觉，清晰思维，让我在流年的小日子和大节日，体验着由麦子及大地带来的双重享受。

三里屯有间比利时啤酒吧，里面挤满几百种比国啤酒和啤酒杯，说是间酒屋，更像啤酒博物馆，那瓶 Hoegaarden，被老板摆在门口最显眼的地方。

我有只 Hoegaarden 酒厂送我的专用酒杯，13 厘米高，下窄上宽，切割成菱形的玻璃杯上印着黑色粗体 "Hoegaarden"。酒杯，注满五个世纪出家人的故事，装着我对比利时的所有记忆。

我四处推介 Hoegaarden，有人问是代理商还是促销员？都不是。只想让更多爱酒人士不要只盯葡萄酒、威士忌，不受缚于礼仪的比利时啤酒来得更爽。

啤酒更符合国人豪饮的秉性，无须特定食物搭配亦能暗香盈袖，饮趣盎然，它，能端庄，登厅堂、现餐桌，撩发食欲，挥霍食客大把时光，沉醉，不问今世何年……

Hoegaarden，参与了我青年时代太多的足球之夜，愉逸过我们围坐嗑瓜子嚼花生观赛的时光。啤酒，沉淀了曾经青春的容颜，过滤掉性格的各种浮躁，从最初嬉笑欢饮，到今天认真品味，并梳理啤酒沿革及由它而来的生命启示，我想，这，便是啤酒文化的新概念。

花信时代的那个夏天，一大杯生啤端至面前，我愣着，看大口玻璃杯中泡沫翻飞。服务生发话 "喝吧，地道的哈尔滨扎啤"。此间位于哈市中央大街的普通餐馆，开启了我人生首杯啤酒之旅。

读研时，新闻专业的几位师哥，逢周末邀法语班女生下馆子，吃什么记不得，冒着霜的 "燕京" 大瓶啤一直没忘。

哈卑扎啤，连同北京 "燕京"，在我经年的啤酒体验中，与 Hoegaarden，携手馨香……

酒 媒

十月。黄河。

滩涂开阔，群鸟高翔。

沾化区委宣传部部长李宝玉跟我细数滨州历史，聊孙子文化和沾化冬枣，讲述推动滨州与法国城市结对的那位法国"媒人"。

法国"媒人"叫斯坦尼斯拉斯·德汉纳。

结对的法国城市是萨维尔纳（Saverne）。

萨维尔纳，斯特拉斯堡四十公里外的童话小镇，阿尔萨斯葡萄酒之路的必经地。那年夏天穿越葡萄酒之路，我爬到萨维尔纳的罗翰城堡，眺望笼罩在金色晚霞中的万顷葡园，阿尔萨斯的辽阔舒展在光焰万丈的天地间。

当时，我并不知道萨维尔纳与滨州的不解渊源，没预留更多时间停驻。匆忙中，穿街走巷，直奔大运河沿岸鲜花点缀的木筋老饭馆，点了当地名吃鹅肝酱和五百毫升的小瓶白葡萄酒，我的一句"le vin est excellent（酒很飒）"，引来服务生对当地世代传承的酿造工艺滔滔不绝的宣讲。不同于法国其他葡萄产区，抛开酿酒不用橡木桶和葡萄采摘滞后，阿尔萨斯一只简单的酒瓶都具有法式华美和德意志缜密的双重特质。

在萨维尔纳市政厅，我看到橱窗里《孙子兵法》的法译本，端端正正，灰色封面上"L'ART DE LA GUERRE"几个描金大字，显示中国军事圣典在海外的特殊地位。警察、厨师、杂货铺老板，一聊，没人不知道这本书，就好比雨果的《悲惨世界》在中国。

途经 Saverne 古镇

2005 年，山东滨州一所外语学校的招聘广告，激发了法国汝拉葡萄酒学院（Institut des vins du Jura）老师德汉纳来中国的愿望。

接受法媒采访时他曾透露来中国滨州的三大理由：孙子文化、冬枣和渔鼓戏。

他如愿以偿地来到滨州教授英语。一个讲葡萄酒理论和实践的法国老师来中国教英语？

他来主要不是为教学，而是以此为契机建立滨州与法国的联系。滨州学院外国语学院副校长赵霖告诉我。

在中国工作期间，德汉纳推动了系列中法文化及商业活动，并最终与当地政府共同促成滨州和萨维尔纳缔结友好城市。

回国后，他多次携法国企业高管穿梭往来于滨州和阿尔萨斯，深入推动双边全方位发展合作，率先垂范架起中法城市交流的桥梁。

从此，中国滨州的孙子文化、渔鼓戏和冬枣与阿尔萨斯省的葡萄酒文化邂逅、碰撞，互依互容，渐而形成文经相行不悖的东西大流畅。山东国际友城发展合作大会、滨州与萨维尔纳文化旅游推介会、《孙子兵法》商战国际论坛等系列活动，紧锣密鼓地在两座城市间有序展开。

中法友好城市在城建上几乎都存在某些共同点，比如中法文化年时我在八达岭长城见证"结亲"的平遥和普罗万，双方都拥有绵亘而老迈的城墙，构筑起以城市中央为轴心的防御工事。而滨州和萨维尔纳在城市形态上并无共性，却最终走到了一起，孙子兵法和地方戏的文化重量，功不可没！在友城文化交流的议程中，我欣喜于渔鼓戏也将像国粹京剧那样跨疆越界走出国门，亮相法兰西。

当我走在孙武老家滨州市惠民县的街巷，黄河水滋养出的两千年军事文化何以牵引国际目光的千重理由，在我视线中愈发清晰。滨州，不再没人经过，因为，它向世界贡献了一个军事伟人。

在滨州沾化枣园，那棵六百年的"枣树王"缀满圆溜溜的冬枣，以

沾化冬枣

高大的身姿和粗硕的枝杈在秋雨中迎接我的造访。果农摘了捧"树王"冬枣，溜圆，脆爽，多汁甜润，一股甜蜜的清新从口入心，想到以往在葡园吃过的各类品种的葡萄，两种完全不同的果实，却让我拥有了完全相同的幸福感。

果农说，这棵高六米、树冠直径十余米的"枣树"，是上天赐给沾化的"仙果"。仰视它，我揣摩着这棵嫡祖树会秘藏怎样的沧桑和甘甜？

有没有考虑过在法国种植冬枣树？我问李宝玉部长。

"冬枣是需要一定的土壤和气候的，沾化冬枣之所以有别于其他地域，是因为这里特殊的气候和土壤。"他解释。

我应："没错，就好比波尔多的葡萄树他乡种植就酿不出同品质的酒一样，葡萄园跟枣园一样都有自己的微气候。"

沾化冬枣嫡祖树

"枣树不出门，但我们的冬枣出口世界。"他很自豪。

滨州，就此快速改变着生活氛围和美学格调，冬枣助推当地文化繁荣，以枣为题的《枣乡喜事》拍成渔鼓戏并多次在农民电影节摘金夺银，无数有关冬枣和中国农民丰收节的文学创作应运而生。《枣乡喜事》屡获大奖是以经促文乡村发展模式的标杆，也为开拓未来中国戏曲电影树立了榜样。宣传部部长侃侃而谈。

讲话风趣、一米八三的山东汉子，说到冬枣、渔鼓戏，眼睛里闪着光芒，言语中满是冬枣带给农民富裕生活的自豪。他能用顺口溜和打油诗把冬枣故事讲得有声有色，引得我开怀大笑。

之后，我收到滨州作家刘洪鹏的文学创作《枣儿香枣儿圆》，枣乡人坚韧不拔的奋斗史，凝驻在朴素的字里行间，那是来自齐鲁大地的乡土气息。

到访过滨州的法国友人有天微我，他在波尔多亚欧超市买了两斤滴溜儿圆的冬枣，为什么口感、脆度和甜度跟原来吃过的沾化冬枣完全两样？

我说："水土决定品质，冬枣一定要吃沾化本地的才正宗，另外还要放在冰箱冷藏室，口感最佳。"为更清晰明了，我用了葡萄酒专业词汇"terroir（特定土地）"和"micro climat（微气候）"。他立马懂了。

童年时我唱过京戏，特别理解滨州人常挂嘴边的那句"戏比天大"，这"戏"就是渔鼓戏，中国首批国家级非物质文化遗产。18世纪，滨州沾化富国镇胡营村的几个渔民，以拍打渔鼓的说唱形式将渔民生活搬上民间舞台，三百年来，渔鼓戏频繁现身香火会和春节庙会，村民搭台唱戏，方圆百里，渔民闻风而来，铿锵的鼓点、激昂的说唱，把人们的内心激荡得兴奋舒坦，这盛况，像极了波尔多Coutras村的"邻居节"。

在沾化老城民众古书院，两位八旬艺人身着戏服，打着小鼓，拨着三弦，颂唱渤海沿岸的历史变迁。

齐鲁大地，大鼓曲调高亢奋进，声声传情。

滨州采访结束后，我写了一篇渔鼓戏的法语通稿，随即被法国《费加罗报》全篇转载，这表明，文化蓝图无国界，民族的，即世界的。

时常会想到黄河岸边的滨州古城，也会揣摩究竟怎样的风土孕育了孙武大家，并吸引范仲淹来滨州邹平读书并留下划粥断齑、窖金济僧的佳话？

两千五百年的《孙子兵法》，六百年的冬枣，三百年的渔鼓戏，这样一个大数字率领的文化和历史，使得滨州吸引国际目光，天经地义，顺理成章。

一边，是古老滨州，黄河文化的发祥地，一边是萨维尔纳，阿尔萨斯地区的中古小镇，"酒"为媒，"枣"为介，两座相隔万里、两种不同文化背景中的城市，从此携手同行。

为新时代的新友城，击掌，喝彩！

今年，我购置了沾化冬枣，刚下树的，入口，干脆、坦荡。

齐鲁气质尽在冬枣中。

风尚酒庄

一

多少次路过这间酒庄。

紧挨乡村公路，石头垒筑的平房一字排立，蓝色百叶窗平开，门楣刷着"品酒与销售（DEGUSTATION ET VENTE）"，大写。

国庆刚过，又逢法国"蓝色军团"世界杯夺冠，窗棂上，三色国旗，张扬七月的喜庆。

马路对面，家族葡萄园，沿坡蔓延，无遮无拦。

酒庄，前不着村后不着店，十几辆艳丽的单车点缀田间，每次诱惑我摇下车窗，欣羡瞭望，兴奋喝彩。

园主 Bruno 巧妙利用葡园边缘的草地，用链条锁把彩色单车固定在树上，橡木桶、老式压榨机、独轮酒车散落田垄，前方，一行行葡萄树列队，老迈、威武。

十年前，环法自行车赛运动员从 Bruno 家门口飞驰而过，酒庄、葡园及周边景物随即上了法国电视台航拍，天空下，屋舍俨然、田园葱翠的草莽乡野瞬间惊艳全国，西南大农村，从此牵引世界的目光。

Bruno，酒农，六十开外。买下运动员淘汰下的废旧自行车，刷成彩色摆在葡萄园的空地上，为纪念，也为装饰，更是一种生活态度。车不久前刚重新漆过，亮洁通透，红黄蓝绿的亮色，标新立异，为平畴浅草加添风尚、融注活力。

世代以纯净古朴为美、厌弃人为主题风景的民族，炫华斗奇单车的出现并未弱化葡园本色，反倒意外构成摩登的田园景致。从此，人们的目光兼及两侧，一边是气韵宏大的葡园，一边是炫彩单车，"人化自然"有内涵，有气势，共臻极致。

"艳丽图像是否会将现代化凌驾自然之上？"我问。

"我担心过，而事实证明，在酒庄停车的大都被单车吸引，他们并不一定要买酒。"

"法国习惯万古不移的自然生态，偶尔有视觉冲击便是大手笔。"Bruno展开一脸舒爽。

他说，在西南农村，房屋前后院的规整可按主人爱好随性打理，若与周边整体环境相悖，需向村府递交申请，批准后方可动工。

"我运气不错，单车点缀葡园的草案申请很快得到批复。"他站在垄上，

Saint-Emilion 葡园和修院遗迹

双手交叉，目光深远，黝黑的脸泛着健康的光泽。

为不使单车喧宾夺主，他在周围堆了不少废弃酒桶，后院的老式压榨机也移到地头，以葡萄酒为主题、单车为陪衬的人造景观，构成一间有创新、有传承的个性酒庄，让熙来攘往的人群生发扬鞭纵疆的梦想。

与 Bruno 聊酒庄，他更正我酒庄（Château）的用法：Château 原意是城堡，只有西南地区酒庄用 château，此称谓始于 19 世纪中叶，第一家用 château 的是玛歌酒庄（Château Margaux），该酒庄原本就是古堡。

他说，法国其他葡萄酒产区的酒庄完全不用 château，事实上许多本地酒庄也用 propriété，domaine，clos（意为田产、地产、园地）等，后三种更符合酒庄原始形态，酒庄本来就是个人领地，而非古堡。

以波尔多为中心辐射开来的西南"葡萄酒之路"，几千家老酒庄潜伏在七高八低的土地上，勾画出葡萄酒的历史纹脉，驾车穿行，天马行空，独霸天地。兴致停车，行走垄上，满架高撑紫络索，人与游云齐飞。

二

圣·埃米利翁（Saint-Emilion），西南葡萄酒产业的一面旗帜，各方爱酒人士的朝圣地。

方圆五千四百公顷的圣·埃米利翁区域隐匿八百多间酒庄，家家有来头，个个有故事，近百种列级酒庄的顶级葡萄酒，使得这片不大的产区成为西南葡萄酒产业的领军者。

村口，一块中世纪葡萄种植园围起几段残墙断壁，昂首拥挤在一起，栉风沐雨，苍然一色，显示早年盛世繁华。几百年前，这里是修道院，神职人员约守贫穷和奉献，祷告冥想，兼种葡萄、酿酒、藏酒，以实现自给自足。战乱时，此地奇迹般地保存下部分修院，于是这几面断墙，像承受过灾难的老者，苍凉地注视后人前赴后继不远万里赶来，在遗址前思考、感叹、拍照留念。

讲意大利语的中学老师为他率领的夏令营宣讲：寻访古迹，一步踏入即如愿以偿未免遗憾，历史是坎坷，是田野上的废弃，就如同眼前矗立在葡萄园的颓垣。

从修行之地到短兵相接的疆场，圣·埃米利翁一跃升级为古迹，八方游人纷至沓来，在葡萄美酒夜光杯的沃土，品鉴红酒醇香，体验战争铿锵。

沿鹅卵石路攀岩进村，酒家林立，商铺栉比，大酒纷呈，中心街拐角那间不大的酒屋，酒幌夺目而欢悦：两扇绿色对开木门，框出两幅漆画，俩绅士，着黑色燕尾服，戴黑礼帽，面对面，一个坐，手端酒杯，一个站，持瓶倾倒……正午，阳光炯碎，在画面的葡萄枝叶边缘形成阴影，盘活两位酒神滑稽的神态，他们满脸新潮，醉意酣畅，流溢行酒事的沉醉。

诙谐的艺术作品让酒文化变得轻松浅显，看一次，笑一次，看一回，心情明媚一天。如此酒家，将万顷葡园、酒神和杯盏收敛成一幅画，让历史老街快乐嬉笑，青春激扬。

在四季的各种角度和光线中拍过这扇门，最精彩的还是盛夏七月的这张。

这幅画的作者？

已不重要。

大个子店员认出我。"每年看你在门口拍，猜猜门的底色为什么是绿的？"

"葡萄树！"我脱口而出。

"确实看懂了，三番五次来得值！"

每次路过圣·埃米利翁都会拜访两位酒神，区别所有酒铺门口摆放的橡木桶装饰，两幅以饮酒者为主角的木门漆画，打破陈规，以崭新立意，凸显西南葡萄酒重镇装饰新概念。来酒村，酒要喝，油封鸭要吃，门上两个男人也一定要看，他们是酒镇的引领，在狭窄门板上营造一方趣味饮食空间，以朴拙、风趣的姿态，邀君共酌。

　　想想我给戴高乐机场免税店作的贡献，竟全都与圣·埃米利翁葡萄酒有关，机场购买，不受重量限制，不占行李空间。

三

　　告别酒村，往西开几公里，就是大河酒庄（Château de la Rivière），以奔流而过的多涅河得名。

Bruno 的庄园

　　百余顷葡萄树，根植沙砾黏土，沿坡地盘旋向上。被高高托起的华丽酒堡，环河矗立，背倚原始森林，形成有利葡萄生长的微气候带。

　　在葡园整枝的酒农为我讲解这里的钙质土壤，着重强调"大河及其流向对葡萄口感的影响很大"。他考察过宁夏贺兰山，"两地纬度、温差和光照极似，大河酒庄的酒偏向结构式浓烈，而贺兰山的某些酒却有着南美新世界的甜美"。

　　"一方水土一方生态。"他总结。

　　此刻，二十时，高坡上，石头酒堡渐次没入晚霞，与主楼前修成齐刷刷一米高的葡萄树，共同构成雍容华美的大气象。

　　世间，一切温煦的美色都熨帖在大地，潜伏于深谷。

　　中法酒农成群结队走出酒庄铁栅栏门，谈笑风生，收工回家。

　　村中遛狗的妇人好奇问我是不是新来的酒庄工作人员？

　　"不，是过客。"一句短促的"Non, de passage"，主谓宾全部省略。

Saint-Emilion 酒事写在门上

老太太绘声绘色列数酒庄历届庄主，"酒庄最后卖给了中国人，新老主人交易当日搭直升机巡视葡园时落水……"

"我知道。"我打断她。

发动吉普。沿多涅河疾驰。

大河酒庄，比我想象的有气势，扛得住气宇轩昂的"大河"之名。

大河酒庄，与圣·埃米利翁（Saint-Emilion）和波马侯（Pomerol）两个酒村并列为里布尔产区（Libourne）"三剑客"，实至名归。

这家的两款干红，以馥郁的丹宁结构、顺滑有层次的口感和适中的价格，十五年持久占据我的餐桌，列入众多法国红首选。

大河，在我的右方，奔涌，向西，释放咆哮的涛声。

大河，甩在身后。

暮色中，穿村越陌，一只只橡木桶排列街巷，向东来西往的驾驶员肃立致意，牵牛花在圆硕酒桶中绽放，稚拙可爱，暗夜风流。

这些橡木桶服役期满后被移到室外做装饰，或一劈为二成花盆，它们要保持生生不息的酿制记忆，执意在葡萄酒之路留下它们的形态，颐指气使，打点村镇美学韵致，不单是致敬酒农，更为引领风尚。

大河、橡木桶、单车、酒神漆画，把持酒庄气韵，让生命，载歌载舞。

软木塞

那侍酒师！每次想起来都帅！

葡萄酒培训班很用心，为讲瓶塞，老师先把我们拉到玛歌酒庄（Château Margaux），邀请特聘侍酒师现身说法，示范标准开瓶。

侍酒师出场，四十上下，白衬衫黑马甲黑皮裤，腰系围裙，左手持瓶，右手一把老式开瓶刀，一伸一拉，两秒，瓶塞从瓶颈轻柔拉出，随即塞入口袋，再将酒瓶换至右手，上身前倾，斟酒，左手把着的雪白棉巾迅速拭掉瓶口酒液。

开瓶、斟酒等系列动作专业、连贯，流畅又优雅。

侍酒师解释，软木塞在一直躺倒的酒瓶中多多少少会被浸润腐烂，错误的开瓶会导致木塞渣掉入酒瓶，从而彻底毁掉在酒窖成熟了数年的好酒。

侍酒师说，20世纪70年代前，老百姓家里都用这种老式开瓶刀，两个刀片，插入酒瓶和瓶塞之间，转动轻提，不伤瓶塞毫毛。"专业侍酒师还在用老式开瓶刀，非专业人士用起来有一定难度，需要技巧。"

"一瓶陈年纯酿经历葡萄生长、拣选、压榨和橡木桶发酵成熟后，最后成败就在瓶塞和开瓶。"他说。

我集瓶塞，因做得太精致不忍丢弃，方寸木塞上打着酒庄的LOGO和名字，颇似中国古代竹简，能读到不少知识。

老师说："别小视软木塞，它肩负守护红酒沉睡不变质的重任，好酒一定配好塞。"

我们到位于波尔多以南 Cestas 城的软木瓶塞加工厂，实地参观木塞加工制作。作坊建在葡萄田里，院内堆叠着一摞摞的软橡木皮，散出香草和巧克力味，调动着味觉。心说做不成酿酒师能在这儿做瓶塞也不错，成天浸在果木香中，不饮自醉。

工人说，这些树皮都是从法国本土橡树上剥下的，先露天风干三个月，然后置沸水中浸泡消毒。

砍伐软橡木皮只需一把锋利的斧头，一棵橡树一生有十八次有效收获，每一次收割间隔二十年，以给橡树充分时间重新长出新皮。

车间里，几个工人正在木皮上打木塞，手边放着空酒瓶，边打边试，木皮的厚度是木塞的直径，不是树皮的长度，树的年轮被纵向植入木塞。

木塞削好，然后打上年份和酒庄名，涂以石蜡、硅胶固定，一枚素朴又文艺的实木塞诞生。

Cestas 是波尔多规模最大的软木塞加工基地，主供波尔多地区高档葡萄酒，软木塞柔软、弹性好，上面的细密小孔与酒液接触膨胀后能自动塞紧瓶颈空隙，阻止酒液渗漏，微孔还有助酒体呼吸、发育，完成装瓶后的日臻成熟，抵达葡萄酒特有的厚重。

红酒开瓶时木塞渗透酒液，会增加酒的结构感，所有需要陈酿的酒都会选具有自然力量的实木塞陪伴成长。波尔多二大葡萄酒工艺学院的老师授课时，讲到他们的软木塞实验室就是专攻木塞对葡萄酒香氛的作用，并研发合成材料制造仿真软木塞。

软木塞始于 17 世纪，率先使用的是法国香槟酒创始人唐·佩里侬（Don Pérignon）。

Cestas 加工厂车间主任说，再好的软木塞也就三四十年的寿命，老酒要定期换塞。

他讲了一则老酒换瓶塞轶事：2005 年，波尔多左岸帕拉梅列级酒庄——宝马酒庄（Château Palmer）的专业人马一行，亲赴澳门葡京大酒店为五百瓶 1961 年份的窖藏红酒换塞，各路媒体竞相报道，轰动一时，换塞行动还被列入酒庄掌门人托马斯・杜鲁克斯（Thomas Duroux）大事记。

1961 年是波尔多 20 世纪最经典的年份之一，也是帕拉梅酒庄的成名酒作横空出世之年。据说，葡京大酒店经该酒庄换过塞的红酒极少变质，当然，一个是专业酿制者，另一个财力雄厚，储藏好酒不在话下。

两个人的酒吧

Monbazillac
村口巨型
开瓶器

波尔多产区，葡田挨着李树园

　　法国橡木桶质量世界第一，软木塞制造大国却是葡萄牙，占全球产量一半，然后是西班牙和意大利，还有北非摩洛哥等，地中海和大西洋沿岸的阳光与湿度特别适宜橡木生长。

　　金属旋盖也越来越多用于葡萄酒，主要是白葡萄酒，盛产干白的德国用得最多。几年前，参观拉鲁维尔酒庄（Château La Louvière），这是安德烈·卢顿家族（André Lurton）旗下的一间酒庄，我惊奇地看到这儿的干白用的全都是金属旋盖。当时我尚未系统学酒，对金属旋盖有种本能"蔑视"，错误认为用金属盖的酒一定不是上品。

　　工作人员显然看出我的疑惑，解释道："卢顿先生和我们酿制团队都是业界酒人不会乱来，金属旋盖可完全抑制酒体与空气接触，从而完美保持干白的清新和果香。"

　　注意到国内许多酒庄的干白和粉红酒也开始广泛选用金属旋盖，逐渐，我对这些加入传统酒文化中的现代元素心存认同。葡萄酒起源发展壮大了几千年的今天，人类坚守传统酒典，同时勇于开拓创新，追求极致，为葡萄酒文明加添科技佐证。

　　法国有个名字俏皮、事业有爱的社团叫"一枚瓶塞，一张笑脸"，专门回收合成材质瓶塞，收入用于残疾人事业。葡萄酒融入爱心行动，温暖而具创意。

　　新世界酒庄已全线采用金属和合成材料旋盖，不过，目前还没有足够长的时间证明陈年葡萄酒可以离开一枚好的天然木塞，旧材料和新材料共存也许更契合时代潮流？

　　我家常备贺兰山葡萄酒，喜欢白酒的清洌和红酒的厚重，而开瓶每每是项艰巨的活儿，酒瓶塞哪儿做的不清楚，似乎普遍柔韧度不高，木质偏硬，每次开瓶如临战场，望而生畏，铆足了劲儿都玩不出瓶塞离颈时一声"Boom"的潇洒。

　　京京说开瓶这力气活得男人耍，并力荐她一直在用的一款开瓶器——Le Creuset，法国厨具大牌，有"厨房 LV"美誉。

　　她说用 Le Creuset，酒瓶口的塑封都不用挑直接开，省力，快速，还帅！

　　好吧，我那只价格不菲的 La Guiole 开瓶器退役好了。

　　近日，经友人推荐进了一箱西班牙白葡萄酒，稍显青涩果香不足，而酒瓶的软木塞很拉风，那么一点点的实木上居然印了三串葡萄，外加一行字：可爱的绿色瓶塞，百分百可回收。

　　卖家问我酒怎样？

　　"不算坏，冲这瓶塞下次还买。"

中国红

一

中国红。

中国红葡萄酒。

脚踩沙土，奔走贺兰山，山风清凉，吹来大山的硬朗。

万顷葡园铺展在山脚下，古老的赤霞珠葡萄树扎根沙土，粗硕、弯曲，呈现强烈的年代感。从形态看，我估算它们至少有二十年树龄。

贺东庄园董事长龚杰惊叹我的精准判断。

"在波尔多实习，酒农教过如何凭树干形状和颜色区分葡萄树的年龄。"我说。

他介绍，葡园中的赤霞珠（cabernet sauvignon）全部从法国引进，是世界种植面积最广生命力最强的品种，在葡萄酒旧世界和新世界一直占据统治地位，是红酒酿制的首选，能赋予红酒扎实的口感和无与伦比的陈年潜力。

眼前这个大个子中年男人，每日迎着朝阳，拥抱几方田陌，穿行草野土垄，每一个步伐都踏着希望，带着梦想，什么品种在什么方位，哪棵树挂果都在脑子里。

弃矿从酒，以种葡萄树美化环境的方式削弱采煤破坏生态而产生的"心理创伤"，这需要觉醒，更要具备激情。

贺东庄园地下酒窖橡木桶的大阵势，坚实了我对贺兰山葡萄酒品质的信心。在纵列排开的木桶中穿行，酒气冷冽，暗香涌动，恍若身临波尔多产区的酒庄，以葡萄为原料的红酒、白酒，在深长的酒窖中，不紧不慢，发酵，成熟，吸纳贺兰山的温度、湿度。

龚杰开了瓶赤霞珠和梅乐混酿，两种葡萄的搭配，柔和着酒液的单宁，细腻悠长。

好一款中国红，大气浑然。

二

米擒酒庄坐落在银川西夏风情园，我喝过这家的橡木桶纯酿，执意要来。

酒庄大堂，竖立着梵高以南法阿尔采摘季为题的大幅油画，醇厚的葡萄酒在这里变得直观而感性。

十几张牌匾并排矗立，世界葡萄酒历史印刷成黑体汉字娓娓道来：李白斗酒诗百篇有葡萄酒的功劳，百战百胜的拿破仑未饮尚贝丹（Chambertin）失利滑铁卢铩羽而归，马克思童年在父亲的种植园浸润过红酒的馥郁。

让诗人、军事家和思想家溯源葡萄酒的历史，此番创意，含蓄而深远。

另一则酒事写道：葡萄酒是佐餐饮品，也是社交工具，17、18世纪欧洲上流社会以饮酒为尚，伦敦、巴黎的绅士和淑女，桌前围坐，品酒，论国事，打情骂俏，法国那首家喻户晓的饮酒歌，唱的正是红酒：

Chevaliers de la table ronde , goûtons voir si le vin est bon?
——圆桌骑士，来来来品酒看看味道如何?

"你们的酒庄文化很有个性。"我对销售经理说。

大厅深处，矗立着酒庄一号大酒"橡木桶珍藏干红葡萄酒"，特制的重型大黑瓶，有种泱泱中国红的气势。

米擒，西夏古国八大党项部落之一，史书记载"米擒氏，性豪爽，喜饮酒，善酿酒"，酒庄命名"米擒"，致敬西夏文化。

银川向北，贺兰山麓下，一间木结构酿制车间兀立葡园，喜庆的红色外墙张扬中国红酒的中国特色。这是中法银色高地酒庄，由宁夏姑娘高源和她的法国丈夫共同经营。

"酿酒人是风土的发现者，风格才是葡萄酒的魅力所在，宁夏酒有自己的口感，既有扎实的结构，又具备大酒风范。"高源的丈夫吉利（Thierry Courtade）告诉记者。

相比周边阔绰、宏大的葡萄庄园，银色高地周边散落着荒废的采石场，像一处未开垦的世外桃源，保留着更多自然界魂魄，更接近法国葡萄

我进的 Cahors 产区葡萄酒

园开阔、极简的本色。

"我们酒庄不是大型高产酒庄，是家族企业。"吉利说他们始终遵循岳父高林先生的工作原则：默默无闻做人，踏踏实实酿酒，确保每一瓶都是精品。

于是，他们的阙歌干红和家族珍藏霞多丽干白，从香格里拉和凯宾斯基等五星级酒店招标的盲品中脱颖而出。欧洲评酒委员会主席弗朗索瓦·莫丝喝过"银色高地"后宣称："接待国际政要，中国人从此可以不用拉菲，银色高地已足够好。"

2016 年 6 月 12 日，银色高地的阙歌干红现身颐和园宴会厅，在佛香阁，李克强总理宴请德国总理默克尔，面向昆明湖，背倚智慧海，把酒临风，中国红闪亮。

三

贺兰山，一个起步于 20 世纪 80 年代，历经仅三十多年的葡萄种植宝地，拥有 57 万亩葡园，一百多家酒庄，年产一亿多瓶酒。这数字，蛮震撼。

这里的酒农尊重风土，注重品质，在相对较短的时间内，让鲜为人知的宁夏葡萄酒打入国际市场，这是贺兰山的荣光，也只有贺兰山，能锻造如此辉煌。

贺兰山与法国波尔多和美国加州纳帕山谷同处一个纬度，是巧合还是天意？北纬 38°，一个神奇的纬度，一个具有出产优质葡萄潜质的纬度。

我无数次想象过加州纳帕山谷，就好比无数次幻想去托斯卡纳奔跑在阳光照耀的葡萄园。

西夏王、长城天赋、志辉源石、类人首、蒲尚，这些包含朴素生态并承载宁夏古老历史的庄名，总会让我联想到波尔多产区的趣名酒庄"女婿堡"（Château tour des gendres），曾经就为这诙谐的酒庄名字，我执意来这儿实习，并很快瞄上这家明星干红——"父亲的荣耀"（La gloire de mon père）。

葡萄酒，一场味觉盛宴，一间课堂，一节有厚度的历史课。酒庄，葡萄酒，让我们相遇古代、丰富阅历，收获知识，开阔胸怀。

贺兰山酒，以清澈的愉悦弥散着新世界的甜美，同时又把持了旧世界的馥郁。葡萄酒新、旧世界概念由英国葡萄酒作家"休·约翰逊"提出，旨在区分葡萄酒原产国地理位置和葡萄酿造工艺，精准框定葡萄酒的文化和风致。比如拿破仑挚爱的尚贝丹红酒（Chambertin），其威武雄壮的气概，只有尚贝丹地域的风土能够驾驭。

拥有千年酿酒史的法国、西班牙、意大利和德国等南欧葡萄酒生产国，当仁不让尊为旧世界，任何季节行走欧洲大地的任何角落，都会与葡园不期而遇，有土地的地方就有葡萄种植。后起之秀智利、阿根廷、美国、南非和澳洲被纳入新世界，他们以创新和冒险精神为信念，主打消费主义文化，倡导有机种植，倾向自由混酿，让葡萄酒果香在开瓶瞬间浓重、澎湃。

中国宁夏，只用了不到四十年，一跃跻身新世界。

霸气的中国红！

红彤彤！

照耀中国！

闪耀世界！

油封鸭

到波尔多光喝酒不吃油封鸭怎么成？

油封鸭，写作"confit de canard"，法国西南特产，百姓日常餐桌的硬菜，也是葡萄酒配菜理论中不可忽略的绝配。

在西南，随便进家餐馆，招牌菜一定是油封鸭，价格廉，分量足，还搭好侍酒师亲自选配的红酒，备受食客青睐，用餐者都是奔鸭子去的，喝红酒吃油封鸭，通俗又幸福。

油封鸭佐红酒，美食家几百年的固定吃法，当然，也可根据季节和自己口味另选酒水，比如夏季，经加入神秘辛料的鸭油浸润过的鸭子，搭粉红酒和干白也相当出彩，鸭肉的浓香能衬托并凸显酒之清爽馥冽，契合当下风行的混搭时尚。

村镇乡野到处是"油封鸭"和"鸭肝"的广告牌，农舍石墙刷满大写的"传统油封鸭""家族秘制鸭肝"，欧洲大陆无人为修饰、质朴素简的自然生态，在这里却意外拥有了中国20世纪70年代乡镇的杂乱和热闹。这是一种熟悉又亲切的庞杂气象，质感而不抽象，将衣食住行沉淀于草莽街巷，有种安其居、乐其俗的市井伟力。

走村串乡，耳听浮沉鹅鸭放春声，河岸田畴，大鸭率小鸭整齐列队大摇大摆鱼贯前行，西南乡野，欢乐田园。

如此纷乱的农村，寻不到丝毫国人臆想的"浪漫法兰西"，这是不折不扣贴近烟火的地方，人人懂鸭谈鸭，个个拿手鸭罐头、鸭肝制作，话里话外论吃讲喝，高谈阔论美食理论和实践，与他们对话，轻松豪放，趣味横生，相比正襟危坐一问一答呆板的"大人物"访谈，这些鸭农酒农，直抒胸臆，无套话废话。想到那些自以为是的城里人动辄谈艺术谈文学，你爱不爱听都得假装听，懂不懂都得假装懂，相比之下，西南庄稼人浅显、通透。

于是懂得，为什么法国历届总统都对巴黎农业沙龙趋之若鹜，为什么每年的农展会马克龙、希拉克都表现出跟农民兄弟握手、对酌的极大兴趣。这里，不用端，不必装，只有马牛、吃喝，只谈与民生休戚相关的事，其他，都是浮云。

牛群、鸭队、羊咩鸡跳，酒庄果园，葵田麦垛，奶酪作坊，年久失修的狭窄公路，构筑起名副其实的欧洲老牌农业大国形象，展示一个讲吃会喝、追求美食品质的西南，你会惊叹法国完全就是风吹草低见牛羊的农业之国，与"浪漫"风马牛不相及。

制作鸭肝后剩余的鸭腿和鸭翅便是油封鸭的原料，把它们放入有十几种辛料的鸭油中煮熟，密封于铁罐，可长期储存。油封鸭以西南 Gers 和 Périgord 最出彩，以家庭作坊品质为上乘，鸭子皆草地散养吃虫草长大，肉质劲道、细嫩、松酥，与工业鸭千差万别，不可混为一谈。

农场鸭肝和油封鸭的广告牌

阿尔萨斯也做油封鸭，总体没西南名气大，到西南不吃油封鸭，好比到北京、南京不食烤鸭、盐水鸭。当地酒农皆以油封鸭待客，代表主人的热情好客，就像到了苏北农村，主妇定会要给你煮一碗卧上五个鸡蛋的红糖水，包含着对贵客无上的尊重。

出产贵腐酒的 Monbazillac 村，每年七月举办"油封鸭夜市"，方圆百十公里的居民拖家带口驱车前来，就为大快朵颐一顿最正宗的鸭子。去凑过几次热闹，看厨师现场操作并学到技法：取罐头鸭腿置平底锅，同时放土豆条和牛肝菌，煎至金黄，出锅，入盘，撒上蒜末，点缀鲜薄荷叶，滋啦冒香气。鸭肉是所有禽类动物脂肪中唯一健康脂肪，饕餮不担心肥胖，不顾虑动脉硬化、高血压，是老中青能够敞开玩味"大口吃肉"的盘中美味。

用那种叫 princesse（公主）的两寸长青豆角替代土豆做配料也很出挑，也有人用昂贵的松露（truffe）取代牛肝菌，油封鸭瞬间跳了个档次，价格

Périgord 地区鸭
美味手工作坊

Saint-Emilion 岩洞餐厅

也不再亲民。搭配松露的油封鸭建议自己在家做，饭店极贵，是超市松露价格的翻倍还多，会有罪恶感。

法国松露，是被母猪或狗狗从橡树、榛树、椴树中拱出来的地下真菌，发展到17世纪已成为全法最受追捧、价格最贵的美食之一，大仲马将松露描述为"美食家心目中最神圣的食材"，每个"松露猎人"也都有本秘而不宣的家传藏宝图，不会轻易透露给他人。我的一位朋友，每年初冬会带着老婆孩子到他打小就熟悉的森林中挖松露，烹调摆盘后上传抖音，可他从不透露那片森林的具体位置。

各大超市有油封鸭专柜，上百种品牌的鸭罐头堆积如山，只要罐头盒带"maison（家制）"字样，拿上好了，每家出品都是美馔。

大名鼎鼎的酒村圣·埃米利翁教堂后面，有一溜儿直接开凿在山洞的餐馆，桌椅按岩石自然坡度呈阶梯状摆放，灯光幽暗，气氛幽然，有种回归古代的梦境，一盘油封鸭，一瓶村里的红酒，最能体验时间，也最能进入这座"世界遗产"酒村的饮食变奏。

圣・埃米利翁，红酒，油封鸭，并行不悖，共臻极致。

在西南，不用迷信米其林星级餐厅，随便一间餐馆的油封鸭都好吃到尖叫，就好比兰州面馆的牛肉拉面肯定比五星酒店来得地道。

古城 Bergerac 周边有名目繁多的鸭子节，村民驾驴策马，载着扬鞭十里的英武奔赴养鸭场，人欢马嘶，鸡飞狗跳，成千上万的大鸭小鸭涌动在天空下，接受到访者的观赏、嬉笑。鸭农手持玉米饲料机示范灌鸭，讲解鸭脖逐渐变粗、食物迅速营养肝脏变肥大，直到被宰杀做成鸭肝和油封鸭。

农场的油封鸭大餐够排场，农场主直接室外摆摊儿操锅抡勺"庖丁解鸭"，草地上，百十张木桌木椅排排并列，几百号食客拥塞在一起，吃着，聊着，笑着，忘记身份和姓名，忘记时间和未来。

民以食为天，红肉入馔，青盐糙麦，人间烟火，演绎出你来我往的吃喝大集市。

法国西南，像极了我幼年住过的地方，生活方式、思维方式和行为方式都停留在五十年前，现代化与这儿无关，没有 5G 和手机支付，刮风下雨还会引发短时停电断网。无论地球怎么转世界如何变，只要能养鸭、种葡萄、酿酒就是幸福的全部，人们住着 19 世纪的老房子，用着三百年前的柜子，吃着原生态的食物，过着原始、简单的日子，物欲淡薄，葡园开阔，佳酿醇厚。人人克勤克俭，事事自己动手不求人，从七岁小童到九十高龄的老汉老妪，从农者到国家公务员，几乎都是烹调、种植、木工、修车和装修的高手，日子不紧不慢，发展平缓，穷富均衡。

十里平野群鸭闹，一川葡园晚烟平。

西南大农村，有吃有喝，志得意满。

葡萄酒，喝的是耐心

法国人的餐桌两样东西不可少：葡萄酒和奶酪。无酒不欢，无奶酪不吃饭。当年路易十四在凡尔赛宫发起"唤醒味觉"运动，王公贵族们每顿饭要吃五六个小时，喝至少五种葡萄酒。

在餐馆，食客一落座就全然切断时间概念，数小时挥霍于酒事，有滋味有情调，有扯不完的话题。葡萄酒之于当地人就好比美国人的可乐，价格低，品质高，说喝酒跟喝水一样，毫不夸张。

酒事和酒文化我们都不陌生，北京的地下和地上酒吧，到处"觥筹交错，众宾欢也"。今天与爱酒人士聊的是，葡萄酒喝的是"耐心"。

凭借大西洋海风和特殊的砾石、黏土土质，波尔多地区密集聚合了成百上千的大酒庄和小作坊。多涅河右岸的圣·埃米利翁更是夯实了作为波尔多顶级葡萄酒产区的地位。

早年，一位叫 Emilion 的人来此地传教，同时种植葡萄维持生计，渐而形成今天的圣·埃米利翁村。一个步行不到 30 分钟就能走完的村落，因着周边星罗棋布的列级酒庄和列级大酒被纳入世界文化遗产，成为八方游人的旅行胜地，来西南游历，波尔多可以忽略，圣·埃米利翁一定要来。驾车行驶，十几公里外就能望到大教堂的钟楼尖顶以不可一世的姿态直插云霄，耀示圣·埃米利翁不可摇撼的"世界酒村"地位。

歌菲莉（Château La Gafflière），便是圣·埃米利翁最具代表性的酒庄。

酒堡、车间、酒窖，分散在呈射线状排列的葡萄园里，几幢看上去不宏大甚至过于古旧的老房子，每年为世界输送顶级大酒，吸引无数慕名前来参观品鉴的酒人。

　　"葡萄酒优劣，不单是酿酒师的手法和橡木桶的功劳，还取决于地方和这个地方的土壤，这两个因素直接决定葡萄的风格，葡萄好，酒自然好。"酒庄调酒师万桑指着前方葡园。

　　他取出一瓶写着"terroir"的歌菲莉，"有这个字，说明葡萄产自特定的一块土地，传统上，法国产区一向注重'特定土地'（terroir），这种酒产量不高，酒的气质独特，价格也贵。"

　　万桑说，别小看我们酒庄，葡萄的生长、收获，酒的发酵、制作及装瓶等全部流程都在这里完成。

　　突然被一股阴湿的凉气包围，打开铁门，就是酒窖，一排排列队酒桶挺着圆圆的肚子，骄傲地接受造访者的检阅，酒桶三四米高，堆叠卧放，从地面仰视，就像面对一座山。

　　要侃酒，万桑兴致勃勃：葡萄榨成汁，经葡萄酵母菌天然发酵后，躲进地下室橡木桶获取更多香氛，时机成熟后装瓶，在黑暗、温度和湿度适

万桑布置
的酒会

宜的地窖里，睡上个几年、几十年。

我仔细看了瓶装酒的年龄，日期大多是葡萄的好年份，1976、2009、2010……有的在这儿躺了二三十年。

万桑说，酒一旦走出黑暗登上餐桌，要打开瓶盖先让酒呼吸，与空气接触苏醒后再倒入酒杯。

万桑在这儿工作了大半辈子。"酒香浓郁生发，标志葡萄酒成熟，这时的酒最适宜饮用。"

酒窖拓深迂回，没完没了地走着、听着，空气中酒香蒸腾。听说再走两公里也走不到头时，我意识到这深长古老的酒窖带给世界多少醉意，多少梦想。

"拥有酒窖代表一种生活方式，与富裕无关，仅是对酒的热爱。"他说。

百年椵树下，我们依次入座，原木长桌铺展开酒红色桌布，桌上两瓶歌菲莉，分别是 1994 和 2010 的好年份。

顶级红酒待客显然是一种特别的尊重，万桑进屋换上西装，系好领带，准备为我们示范最标准的红酒礼仪。

这老头，顿时好帅！看他挺直腰板端坐的体态，我也下意识调整了坐姿。红酒最佳伴侣——油封鸭、奶酪、通心粉，统统上桌。

我仔细端详万桑递来的水晶酒杯，杯壁薄，透明无色，杯壁内弯，杯口收窄，以使酒香聚集。杯脚 5 厘米高，避免手直触杯身，防止体温影响酒温。

万桑持瓶倾倒，琥珀红剔透地在树影下垂直而泻，如春雨中的桃花屋檐，涓然无声。

酒杯的三分之一注满，我端起品尝。

万桑阻止，"先观酒的颜色，颜色越深，酒龄越长，轻晃酒杯，让香气充分散发。"

他把鼻子伸进杯口，深呼吸，定论"香气馥郁"。

"请！"主人终于发话。

调酒师讲酒

我将酒送入嘴，马上咽下。

万桑摇头，"要先将酒含在嘴里打转，品咂，让舌头不同部位感受不同的滋味""舌尖尝到甜味，舌根是苦味，舌前段尝到咸味，舌中是酸味"。

我打断他："因为你是调酒师啊。"

"不，品酒就是这样。"

这么复杂，是附庸风雅吗？

万桑称这是最传统的品酒，不是繁文缛节，是出于对酒的恭敬，也是对劳动和大自然的敬意。

酒咽下，我说："只感受到醇厚和柔顺。"

万桑大喜："醇厚正是歌菲莉的特色，我们称为'史诗般醇厚'。"

他强调，家庭饮酒完全不必拘泥酒事礼仪，喝酒是种乐趣和消遣，酒

酒庄酒会

只是聚会的工具。"我讲的品鉴规范是出于调酒师职业习惯，总体上，法国人饮酒很自由。""大家只对一瓶酒说'好'或'不好'，不加任何别的评论，重点不是酒，是后面的海说神聊"。

三个小时的吃吃喝喝，在我们脸上泛出的酡红中进行，万桑说，法国人自古每餐必酒，比如拿破仑就喜欢豪饮，出征都要随军携带一车尚贝丹（Chambertin）来壮士气，滑铁卢战役他没喝酒，结果输给了那个英国人。

了得，一瓶红酒，让一位"巨人"惨败疆场，让滑铁卢从此成为失败的同义词。

梵高也嗜酒，他画过《红色葡萄园》，画布上，采摘后的葡萄树有种夸张、热烈的火红，流露出画家对普罗旺斯葡萄酒的沉迷。

在欧洲，葡萄酒多少会与宗教有关，《圣经》至少有 521 次提到葡萄酒。

那年，在布鲁塞尔圣·米歇尔教堂，工作人员给我倒了杯白葡萄酒，清爽馥洌，酒瓶上写着"Vin de messe（弥撒酒）"。此酒由修道院酿制，配方保密，酒也不出售。

烟火人间

一

我的人生三大事——唱戏，做饭，翻稿。唱戏已是过去式，后两件还在继续。

承马派父亲口授心传亲力指导，小学初中走火入魔学戏唱戏，粉墨登场，荒腔走板，京韵绕梁八年不绝。

翻译稿件，英翻法是主业，半辈子也没翻出激情，不温不火，身在曹营心在汉。

有人问我什么职业最讨喜？

调酒师。

调酒师跟做饭有啥关系？

吃喝自古一家亲。

做饭，出自长女与生俱来的勤劳和责任，很小就挤在热气腾腾的厨房，帮不上忙也不添乱，看一道道菜肴在父亲手下从铁锅走上餐桌。包子、饺子、馄饨、烙饼、花卷、切面等面食，6岁已能上手。做饭于我，全然有别从父学戏，可谓无师自通，看一眼就会，做起来麻利，从没切过手烫过手腕儿，生就一块做饭的好料。

几年前出版的《行走的生命》，以"灶台·字台"为标题的后记，记录了我生命中两张重要的台面，沉淀了我太多的烟火热情和实践，书的最后一句"我眼中的和平：回家，做饭去"被读者奉为金句。

骨子里从不是学习的料，年幼时，不务正业走台唱戏成绩平庸，成年后，游走在房车、钞票、官职的追逐之外，坚守灶台，把生活的鸡零狗碎过得情趣盎然，虽不及苏东坡能捣鼓出"东坡肉"与诗作一起千古流芳，但我知道，所有世俗都被食物消化，分离出来的是饱满。

二

我心里罗盘之上横亘着大地，由大地滋养的蔬果生发赶集的热情，我生命中最敞亮的空间是曾经的故乡集镇，村民赶着车马，驮着自留地农产品，载着扬鞭十里的英武，带着远近的风土和方言，驮载出一个你来我往的交易大流畅。

专程跑过波尔多乡村集市，果蔬节、大蒜节、南瓜节、葡萄节的卖家都不是正经生意人，是周遭居民，因家里有地，收获了不施化肥的有机蔬

布列塔尼的盐村

果，拿过来分享、闹腾，闹腾的不在商品，旨在推崇健康饮食，引领一种生活方式。不急不躁，拥塞在规模与色彩的视觉盛宴之间，东挑西拣，哄笑逗趣，浑然一体，又互不相识……

巴黎，早市，沿袭了八个世纪的露天早市，一扇展示巴黎人生活的窗口，规范、干净、礼貌，不设恶浊，不重招揽，以谋生能力及自控风范，构筑市集文化长廊。厨师，面包师，摩登女郎，风流绅士，布衣老者，碰到了，抿嘴一笑，互致早安，手挎篮筐，鱼贯而行。这里，不分人种，不论阶层，人人都是沉迷烟火的庶民。

我重新定义法式生活，大众界定的"浪漫奢华"原本是一场谎言。法国城市乡村简陋、嘈杂的集市太接近我童年故乡的庙会，同样的暴土扬尘、人欢马嘶，同样的蔬果，不同的，是方言。

在巴黎十三区，意大利广场早市管理负责人告诉我，"市府每天有专人负责早市搭棚拆棚，政府有专门用于民间集市的拨款……""所有这些

南瓜丰收

就是让人间烟火不断，世代兴旺。"

默克尔总理、凯特王妃早市买菜上媒体头条，马克龙夫人重装爱丽舍宫厨房被民众吐槽"挥霍纳税人钱"，希拉克生前每天中午亲自为病女下厨并共进午餐。这些政坛风云人物，其强大外表下，都是为美味为健康舍得出时间、把买菜做饭视为生活核心的普通人。老百姓没人点外卖，个个爱下厨，人人会制作鹅肝和果酱。

重庆医科大学美籍华裔科学家梅子，芝加哥大学研究员京京，既是饱学诗书的学者，也是常年为家人张罗一大桌饭菜的贤妻良母。我与京京、梅子、文利等人从陌路成为知己，唯一的理由，是我们都沉迷吃喝并酷爱做饭。我对能做事业又能管理好家庭的女人有特殊好感，狭隘地认为，女人天生就该是"烟火之人"。

我重新翻开左拉《巴黎的肚肠》（Le ventre de Paris），这本描写巴黎菜市场的书，把中央菜市场（Les Halles centrales）比作"城市消化系统，优美而强劲地运转"。在这里，喜剧、杂耍、大篷车演员摩肩接踵，在这儿，巴黎人学会吃喝，学会文艺，学会社交，"享乐至上"的城市传统由此奠定。

七月，阳光热辣，一辆艳黄的老式雪铁龙载着一筐蔬菜自凯旋门呼啸而来，以八十迈速碾过香街坑洼不平的方石大道，像是执意要把菜筐从敞篷颠散。

"这哥们儿刚从早市出来！"有人喊。

巴黎人，爱交汇，爱展示，在哪儿立了业得了名都要来香街炫耀，老爷车拉一箩蔬菜招摇过市，如此烟火文化好不拉风。

十几年前的夏天，一垄垄穗粒饱满的麦子连根带土自西向东矗立铺展，无数次上演法兰西最关键镜头的香街大道换装成金色麦田！政府打造的这场"巴黎麦收"行动，吸引五谷不分的市民在城市中心修整起来的"麦地"上分享面包的来历。

一时，雍容的香街麦穗飘香……

三

李子柒视频赢得不小的国际效应，正是她镜头中流动的炊烟和田野完全契合西方崇尚自然、捍卫传统的价值观。网友狂评"这么美居然还会做饭？"在有些人眼中，"美人"生就坐享其成不劳而食，做饭乃不学无术、无所作为家庭妇女的粗活，登不上厅堂，拿不出手见不得人。

教育部发布 2022 年 9 月起炒菜做饭进入中小学课堂，看到这消息，晚上我多吃了两碗饭。多年来，做饭都不在科目表，"好好学习天天向上"是几代人的励志口号，人生第一节英语课，尚未搞懂英语是何物就被老师一字一句教会了英语喊号。

法国二战后，烹调已正式纳入教育体系，幼儿园儿童从加热牛奶和洗菜做起，小学时，烹饪纳入必修课，教做各式面包和日常菜式，七八十岁的老人都有烹调课的清晰记忆。七八岁的孩子都会做饭，成色不论，至少父母不在不挨饿，不必成天与外卖、饭馆为伍，动手能力强，且勤俭节约从不乱花钱，青少年手攥 10 欧元零花钱者寡。

中小学校还在局促的校园辟出菜园果园，让学生认知自然，热爱劳动，不做只会考试不谙动手的高分低能人。巴黎大大小小老树参天、鲜花蓬勃的公园，总会让出大片地盘打理成菜园，任自然伟力全姿全态进入都市人的闲行。

在超市我爱寻带泥的胡萝卜，售货员总一脸冷漠告知"没有"，再特别补上："都啥年代了，人家都买洗好的，你还找带泥的？"上下打量的目光认定我是一标准的农妇。蔬菜经加入漂白粉的工业水清洗后洁净亮丽，直接食用就是慢性自杀，自己洗菜费水耗时，但能洗净附着的化肥农药，我家备各种盐，其中一种专用浸泡蔬菜。不少人抱怨做饭浪费时间，号称

"有那工夫干点啥不好！"人间"吃喝玩乐"，"吃"在先，连自己嘴巴都敷衍，还能对什么负责？

年前陪人急诊，遇医生跟患者慷慨：你现在30不到，胡吃海塞染上病打点滴就挺过去了，别着急，等四十岁啥毛病都找你，现在改掉吃外卖的坏习惯还不晚。"记住，人类所有疾病都是吃出来的，这就是常说的病从口入！"最后这句嗓门儿特大。

去过太多饭店，看过太多蟑螂游走餐台，太多饭馆的白菜、西红柿、包菜、黄瓜、菜花，水都不过带着农药直接下锅……

愈发坚定，做饭的信念！

初中同学聚餐，问我胡吃海塞好胃口何以从青年到中年仅脸上多了皱纹而体重不变？

发小抢话：她吃得忒健康，无五蔬四果两葡萄酒不成餐，肉与菜1：5黄金比例，每餐细嚼慢咽一时辰，少饭馆，无外卖，无饮料，无三高，无基础病。

世卫组织制定世界健康公民的若干标准中，一是牙齿排列整齐，口腔清新无异味，另一项是体重长期维稳。

四

我可以不是媒体名记，也永远不可能成为百世楷模，但必须花时间以女主的姿态经营一日三餐，烹佳肴美馔，谋家庭福祉。

天下事，食为大，民以食为天，先有食，然后才有生态、文化等其他，再累，饭不能不做，再忙，做饭第一，工作第二，为写稿废寝忘食不是我的模式，有写稿两眼发直砸烂电脑的冲动，从无半次厌恶做饭欲破锅的妄想。

女人自立、吃苦耐劳，是一种明亮而不刺眼的光芒，一种无须四处

我的餐桌

求人的从容，一种无须声张的厚度。世俗眼中的我的写手、才女、淑女形象皆伪装之表象，当我沉淀烟火，上演精美摆盘、娴熟刀工、潇洒开樽，飞觞走斝，劳作焕发出的风骨，明净放达，围筑起家庭几多水气，几分和睦。

有人口出"赞美"：你持刀奔走厨房的样子很酷。

这副本色的常态，才是我引以为傲的模样。一直认定柴米油盐天生就是女人的专利，女人就该张罗一桌子饭菜。

厨房，家中圣地，最干净的角落，以确保食品卫生严苛过关，最细致的装修，大半生命挥洒的地方岂能造次？踏入厨房，逃离各种无聊应酬，将生命从伪坐标中释放出来，气定神闲。

春节前，我发了一桌家庭"大餐"，诗人岫月留言：

　　你的铁笔，驾驭历史事件和战争题材，从中提炼、挖掘人性光辉，在不相关的领域和兴趣间自由穿梭，兴致盎然，精彩无限。你腰系围布，灶台边，温和柔雅，如林间清风，纤弱的铁手，演绎格式完备、程序整饬的美食，滑欲流匙香满屋。谁说女子不如男？你家官人太有福气……

最后一句看笑了。回：跟我搭伙的从未失望。

去年，慕名在马赛老港海鲜餐厅喝著名的马赛鱼汤，服务生将鱼汤分至浅盘，我喝一勺，又腥又咸。海鲜控不惧腥，而这种完全不做调理的腥气委实不敢苟同。

"徒有虚名。"我毫不掩饰。

友人反驳是两方不同饮食习惯所致，"马赛鱼汤公认是'法国第一美食'。"

我沉默。

我的菜式，无排场，不奢华，也入不进主流，我深知，美食发展的最高级是返璞还淳，再挑剔的美食家都不会轻视家常菜，家常菜世代传承永不衰败，只因"家"方能营造热气腾腾的滋味与情调。炊烟悠长，香气绕梁，一方木桌，团团围坐，瓷碗木筷、土锅铁板、啤酒瓶、高脚杯，笑语欢声，杯盏觥筹，不紧不慢，吃上个地老天荒。

世间，大凡冠以"文化"的事物都被倾注过情感和时间，美食称为文化，因为包含工夫、精力和爱。

寄语天下男人：

无论如何不与烧得一手好菜的太太离婚，不是每个女人都舍得时间让你每日每顿味蕾愉悦，胃系清朗。

食事，博大精深无国界，人间烟火之媚，岂止在纸页间？

霉之贵

"去年的夏天在伊甘的酒瓶中燃烧。"

《给麻风病人的吻》中，作家弗朗索瓦·莫里亚克这样描述贵腐酒的魅惑。

列级波尔多一级甜白的伊甘酒庄（Château d'Yquem）和其生产的苏玳贵腐酒（Sauternes），这组合本身就是法国酒业一张闪亮的王牌，酒庄后来被酩悦·轩尼诗－路易威登集团（LVMH）并购，酒庄地位愈发显赫，尽管众多酒业人士对四百多年历史的家族产业被并购说三道四，抨击其商业色彩太过浓厚。

凭着位于苏玳（Sauternes）镇上那小块风水极佳的葡萄田，祖祖辈辈便能踏实坐拥财富，不能不说是继柏图斯（Petrus）酒庄之后又一个靠风水吃饭的传奇，这样的天时地利也是中了头彩。

此篇主题不是享誉世界的伊甘酒庄，是波尔多以东一百公里的Monbazillac，也是间贵腐酒酒庄，名气不及伊甘，酒却毫不逊色。在法国各地餐馆用餐，耳边老会听到"Monbazillac"，食客点"Monbazillac"的频率特高，上桌率最佳的贵腐酒是 Monbazillac，不是苏玳（Sauternes）。前者名声在国内，后者名声在海外。

酒界人说，在波尔多，酒庄越小酒越俏。

Monbazillac 不小，在 Bergerac 地区可算规模相当，两千公顷葡萄田围起一座中世纪酒堡，占据高地，高峻巍峨。

喝了经年葡萄酒，来到 Monbazillac 庄园，才真正搞懂何为贵腐酒。

Monbazillac 城堡和葡园

贵腐酒搭鸭肝

第一次喝并不惊艳，太过甜腻，像小时喝的止咳糖浆，没有葡萄酒酸涩的馥冽。对我的非专业评价，酒庄服务生脸上挤出一秒钟无奈。

混在参观和购买的人流中，竖起耳朵听这俊男宣讲贵腐酒历史。通透的品酒大厅，成百上千只酒瓶齐整列队，以橙红、金黄的韵彩，接纳各方爱酒人士的品鉴、喝彩。

服务生将话题转到匈牙利：早年一名叫托卡伊（Tokaji）的果农没及时采摘，导致葡萄遭霉侵腐烂干瘪，他把腐烂葡萄全部留下，摘选、加工，意外酿制成洋溢成熟果香兼矿物质咸味的甜烧酒，并以自己的名字 Tokaji 命名。

这一世界首款贵腐甜白酒备受匈牙利国王推崇，还作为"外交礼物"寄送给路易十四，以期在抵奥独立战争中赢得法国支持。路易十四一品，拍案叫绝，口出"酒之帝王（le roi des vins），帝王之酒（le vin des rois）"，这功底深厚的文字游戏也算是被这位"太阳王"玩得炉火纯青。

这款"帝王葡萄酒"（le vin des rois）从此四处开花，进入欧洲各大皇室，连续三个世纪荣列皇室餐桌常青款。

匈牙利托卡伊和法国苏玳哪个历史更久？我问。

"当然是托卡伊。"服务生说，苏玳贵腐酒仅四百年，比托卡伊晚两百年，同样也是因酒庄主人迷猎晚归延误采摘而导致葡萄枯败所产生的发酵制造行动，继而引发腐烂葡萄酿制的一场革命。

"喝过几次苏玳，味觉反响似乎非常活跃。"我说。

他解释，好酒不论年代先后，两款酒各有千秋，托卡伊肉桂及花蜜甘甜更凸显，并具强悍陈年潜力，可窖藏一个世纪。

他顺手递来一杯 Monbazillac，金黄剔透，带着光芒。

押几口，搭配鲜羊奶酪，酒甘甜，有层次，果香中夹带贵腐霉菌的香气……十月，阴冷的秋凉，瞬间在这杯汁液温暖、细腻的润泽中，不再凌厉。

我属于非常容易接受并迅速爱上各种酒的那种，无论高粱酒、啤酒、冰酒，还是威士忌、伏特加，且能在肉眼看不见的悬浮物质中发现它们的澄清特质，从中鉴别香气、层次和结构。

在品酒厅的酒架间穿行，一瓶瓶贵腐酒五彩斑斓，华丽丽，纵横列队站立如兵，威凛挺拔。贵腐酒价格在八至二十欧元之间，略高于干红和干白。相比我们中国葡萄酒，这价格简直温柔了得。

服务生说："葡萄酒传统上本是大众餐桌饮品，没有昂贵的理由。但贵腐酒产量低成本高，每年要大量专业团队投入采摘，根据葡萄萎瘪程

Monbazillac 也是旅游景点

度，采用纯手工逐颗甄选。"

他强调霉菌的掌控很关键，都是经验丰富的酿酒师亲自操刀，压榨机压力要猛还不能搅碎葡萄，然后发酵，转入橡木桶成熟。

随服务生来到葡萄园，每块田都立了标牌注明葡萄品种，赛美蓉（semillon），慕斯卡黛（muscadelle）和长相思（sauvignon blanc），全部是酒庄主打种类。

此刻，十月末，周边大大小小酒庄业已罢园进入加工酿制，而这里的葡萄仍顽强坚守在锈迹斑驳的枝叶上，风吹露浸霜攻，本该饱满的果实萎瘪垂挂，没了生气。

"这葡萄可真的不美，蔫成这样还不摘？"我从没见过这么蔫儿的果，皱得像九十岁老人的脸。

"做贵腐酒的葡萄一定要等萎缩后收获才能带来酒的'贵族霉香'。"他用了"pourriture noble"。我重复两遍，又琢磨了几秒：就像诺曼底那款著名的 Camembert 奶酪，越臭越香？

"嗯，有这感觉，不过不是一类东西，无可比性。"他笑出声。

用庸俗的比喻形容贵腐酒，任深奥的酒感变得浅显、通俗，如座间闲谈，散漫是道。

我看向园子尽头，Monbazillac 古堡，盘亘高地，葡园环绕，逶迤交错。一团乌云翻滚而下，压向古堡尖顶，烘托出凝重的中世纪神秘。

空气萧寒，古堡曲径，人流如梭，英法德日西各国语言的混杂，提升着酒庄的国际身份。在 Monbazillac，既能逛园子品酒买酒，还能观赏城堡的苍老，法国许多宫殿都用来撑场面以证明权势和荣耀，比如凡尔赛宫，奢华的阵势有种压力。而 Monbazillac 城堡，以古树、葡园和美酒，经营着一份闲情逸趣，在波尔多葡萄酒之路上，书写着尊而不显的华贵身份。

我赶过两次古堡举办的夏季美食夜市，整座城堡灯火通明，像是被上帝点亮的光，有种穿越黎明时代的幻觉。古堡广场摆开长桌大阵，食客密密层层坐在一起，在听得懂或听不懂的世界各地的方言中，说着喝着，贵腐酒、红酒、粉红酒，香气悠长，油封鸭、鸭肝，一盘又一盘，传递古老的乡村饮食文化……

"巴黎农展会奥朗德总统狂赞的 Monbazillac 贵腐酒就产自这儿？"

"确是！"服务生一脸自豪，满脸英俊，"我们的品质、口感、色泽毫不输苏玳。"

我在品酒厅几十个品种中精选了三款，非最贵，却最适合。

当晚开瓶。木塞拔出，酒液窜出蜂蜜、贵腐霉和橡木的复杂香气，黄灿的色韵，流荡清秋的喜庆和温润。

这款 Monbazillac，恰好柔和了刚出锅的辛辣小炒肉，甜解辣，贵腐酒搭中国湘菜，被我自由发挥了一把，从不迷信葡萄酒配餐理论，"沉醉不知归路"怎能被教条束缚？

饭后，倒一杯裸喝，甜蜜的层次感愈发清晰，居然喝出了贵腐酒自带的"帝王"之味，这也是为什么贵腐酒建议要餐前、饭后引用。

几日后，我再次路过 Monbazillac，停车观阵，上百号酒农，天空下浩荡云集，躬身田垄剪摘忙，筐满，引来一片欢呼……酒庄雇佣专业人员实施手工采摘，以保证每颗葡萄的质量。

若不是杂事缠身，多想融入这支沸腾的采摘大军，他们热火朝天，传递丰收的喜悦，寂静的土地，焕发神采。

从未听到酒农抱怨，在田垄、在酿制车间遇到的每位酒农，脸上永远挂着劳作的幸福，性格中都有种大地的气质：沉着、朴质。

劳作的热情源自内心，源自对自然生态的尊重。于他们，大地，是命，是根。

晚秋，在 Monbazillac 蒸腾气势，燃烧快乐，宏大而热烈。

酒农。霉酒。霉香。

这片土地，蕴藏着甘甜。

博若莱新酒到了!

"Le Beaujolais nouveau est arrivé ！ "

"博若莱新酒到了! "

这是流行语, 是广告词, 而最初是本书。

20 世纪 70 年代, 作家 René Fallet 写了本名叫《Le beaujolais nouveau est arrivé》的书, 后被拍成同名电影, 由此助推了博若莱新酒的繁荣。

每年 11 月第三个星期四, 是法国官方规定博若莱新酒 (Beaujolais nouveau) 同步上市的法定开瓶日。零点钟声敲过, 一百万箱新酒从博若莱 39 个村庄出发, 穿越沉睡中的平原和乡镇, 一路跋涉, 抵达里昂、巴黎和其他航空口岸, 运送到世界各地翘首以待的爱酒人士手中。葡萄酒爱好者聚集在饭店和酒馆, 集体开瓶, 狂饮作乐, 共享新酒美艳。

博若莱镇铁艺路牌上的漆画, 画的就是当年酒农赶着马车飞奔巴黎运送新酒的盛况。此种像体育竞赛的运输上演了多年, 现在新酒不用马车改乘飞机和高铁了。

送新酒在酒商之间小打小闹玩儿了几年, 没构成大气候, 后来, 一个在家族中卖酒的小伙子——乔治·杜博夫 (Georges Duboeuf) 发现了新酒的巨大商机, 继而全情投入博若莱新酒的宣传和推广, 此人就是博若莱新酒最重要的生产商, 超市新酒专柜的大部分酒瓶上的指定商标打的都是 "Georges Duboeuf" 这个名字。

"博若莱新酒节" 始于二战后, 起初是酒农为庆祝葡萄丰收而开展的一项大口喝酒大块吃肉的欢庆活动, 后逐渐成为大城市酒吧的时尚酒事,继而风靡亚洲和美洲，日本最疯狂，每年的箱根新酒节还增设新酒温泉，人们泡在博若莱新酒的酒液中沐浴、狂欢，好不浪费！

法国法定产区中，博若莱是少数被公认拥有早饮特质的葡萄酒产地，老天没给它骄人的气候和土壤，默默存身勃艮第之下，被其光芒淹没。如果没有新酒，博若莱的名字会像众多中小产区一样名不见经传，新酒的诞生是世界的异数，向人类傲示了它的存在。

我的首次新酒体验发生在日本东京的法式面包店。我在排队，年轻女店员递来一杯酒，用英语说"Beaujolais nouveau Day（今天是博若莱新酒节）"。

杯中酒液，透亮的樱桃红，淡雅清香，酒体轻盈，单宁寡，入口不涩，如花季少女，青春靓丽。

店里的法国面包师端着新出炉的甜品走出来，建议说："你最好去到箱根，体验下博若莱新酒温泉。"

"这个我听说过没见过，日本人的红酒洗浴创意不错，而千辛万苦酿出来的酒生生倒在水里，个人认为是践踏劳动，这样的温泉我并不热衷。"我说。

出店，看到门口一颗用上百瓶博若莱新酒堆起的圣诞树，旁边的一张海报超酷：一群日本老中青组合男女，着黑西装、黑连衣裙，高举酒杯，笑逐颜开，牙齿洁白。

东京遇见新酒后，从阿尔萨斯到波尔多途经博若莱时，我刻意在镇上住了几天，54公里长、14公里宽的花岗岩土上，种的全是用于酿制新酒的佳美（Gamay）和霞多丽（Chardonnay）品种。酒农告诉我，产区葡萄一部分是机械化操作，另一部分用于高品质新酒的葡萄需要手工参与。酿酒工艺采用二氧化碳浸渍法，整串葡萄不压碎直接放入密封发酵桶，不接触氧气，利用葡萄自身酶和表皮酵母菌发酵。

这种与勃艮第传统酿制完全不同的工艺，能保持葡萄所含的各种芬芳物质，弱化单宁度，使葡萄酒口感清扬少涩，是"离葡萄最近的酒"。

博若莱酒体清淡，单宁中庸，果香馥郁，平易近人的特质可与各式菜肴搭档，是实惠又实用的佐餐酒。但因不宜陈放要三个月内喝完，一直遭勃艮第挤兑被视为异类。法国人自己也认为博若莱新酒算不上正规酒，品质太过普通，与秋季庆丰收闹晚会非常登对，但登不了厅堂。

博若莱无视被贬，自行其是走自己的路，趟酿酒工艺新路，开拓营销新格局，最终将博若莱新酒节打造成独树一帜的世界葡萄酒盛事。

博若莱，突破葡萄酒以沉着、绵密、细致风格一统江湖的时代，带着新酒愉悦、甜美的特质，受到各国酒业人的追捧。某种意义上，博若莱为沉闷守旧的法兰西注入了青春无敌的现代元素。

博若莱北临勃艮第，南接里昂，里昂人一不留神，车就开了过去，在

与酒农

博若莱葡萄酒产区

有着油画效果的葡萄园游走嬉闹，沉醉不知归路。都德也喜欢这儿："除了罗纳河和索恩河，里昂的第三条大河就是'葡萄酒之河'博若莱，它没有淤泥，永不干涸。"

我参与过 2012 年 11 月 17 日 "博若莱酒庄马拉松赛（Marathon du Beaujolais）"，路径全部是乡间小路，走葡园，跑 12 个酒村，穿 9 个酒庄，免费的新酒敞开喝。

英国人特认新酒，20 世纪 70 年代时曾经一瓶难求，英国皇家空军曾开着一架鹞式战机飞赴博若莱抢购新酒。在每年的"博若莱赛车大赛"上，着詹姆斯·邦德服装的帅哥，穿燕尾服的老年绅士，身裹俄罗斯军装的靓女，开着花式豪车奔驰英伦的城镇乡村，场面之大，真的把博若莱新酒当成了盛事。

新酒催生新概念，一个叫"博若莱美酒美食"的新词——"Beaujonomie"

应运而生，即 Beaujolais + Bistronomie 的组合，这种用于在田间地头大口喝酒大口吃肉的新酒，开创了博若莱美酒美食新风尚。

去年，博若莱新酒上市当天，西南佩里高地区的酒庄老板 Guy，一大早赶到超市直接搬了三箱新酒，其中一箱是村庄级（Beaujolais-Villages），产自上博若莱地区，口感比普通新酒饱满，陈年力强，可窖藏。

他说："村庄级酒相对能长期储存，等着疫情过去你来喝。"

他，就是我实习酒庄的掌门人，也是他的庄园，种了中国柿树。

作家 Robert Sabatier 说过，"我们应该努力像博若莱一样年轻，像勃艮第一样老去"。

好吧，让我们喝一杯博若莱，永世不老。

清酒清

清酒，清如水。

我指的是颜色。色越清亮品质越高，标志储藏得法，酿酒的米上乘。

酒柜里搜出瓶"神圣"，2018 年 4 月购于东京成田机场，系纯米大吟酿，来自日本株式会社山本本家，黑色玻璃瓶"神圣"二字描金闪亮。

满怀期待斟满瓷盅，呷一口，大热天喝得我烧心冒汗，估摸两年多下来清酒成了陈酿多了烈性？伏天喝清酒时机不对，或是，搭配的菜系太俗？排骨炖冬瓜，豌豆苗拌鲜桃仁，中国家常菜与日系醇醪不登对。

处暑后，雨天，从冰箱再取"神圣"，还是中国菜，却惊喜喝出了清酒微烈中的甜爽，瞬间找到原装清酒的细致。

我不盲从菜、酒搭配理论，某些酒是需要特定的配菜，有些酒可裸喝，气候与温度才是酒香挥发极致的关键，比如红酒必须常温饮用，15℃左右最佳，开启后与空气接触十几分钟，调动起葡萄酒各种香气，橡木、果品、香料、烘烤等一层层复杂滋味贯穿唇齿，未沉醉，意先融。

友人买了瓶 Claude Dugat Gervrey Chambertin，勃艮第顶级干红，拿破仑御用酒，价格不菲。未醒酒，开瓶即饮，遗憾没喝出丰富的结构感，酒液在酒窖昏睡多年，就像人没睡醒，呆滞、无生机。

"神圣"清酒开瓶搁置冰箱几天后，各种成分活跃起来，酒体达到巅峰状态，口感随即圆润、轻盈。理论上清酒不需要醒，依经验，大凡长期储藏的酒，还是与空气接触醒盹后再饮为佳。

我入乡随俗，到哪儿吃哪儿饭喝哪儿酒，在日本旅行，凡餐清酒必点,传统米香和现代果味的清酒,搭配菜式繁杂的日本料理,好一桌盎然的东瀛美酒佳肴。

那年冬天,住河口湖民宿,套间,卧室兼带客厅餐厅,老板娘每进出一次斟酒上菜跪一次,口中重复"せいしゅ"(塞伊咻)。我不会日语,清酒"塞伊咻",读得正,记得牢。

清酒,日本国酒,与中国黄酒酿造工艺近似,原料都是大米,两千多年前,江浙大米种植和酿酒术东传,日本逐渐成为著名的水稻生产国,好米酿好酒,清酒最终演变成国酒,并作为珍贵伴手礼在民间广泛传送,类似法国人以布列塔尼海盐做手信相赠,贵在特色。

安倍首相将山口县出产的"獭祭"清酒送给美国总统奥巴马作生日礼物,还送过俄罗斯的普京。安倍的赠予无形中为他家乡山口县做了一个极具感召力的广告。

不大的岛国能数出四千余家酿制厂和家庭作坊,不得不感叹清酒是日本家族企业"工匠精神"的发扬光大。

日本餐馆菜单上都有这款清酒,粗硕的玻璃瓶印着"獭祭",黑体大字写得夸张,名字起得也充满仪式感,二割三分大吟酿为"獭祭"的米香赋予了苹果和青柠的复杂香气,余韵悠长,名动江湖。

清酒储存与红酒一样娇气,需15℃以下,太热,甚至接受过多的光线,清酒会变得不清,所有清酒灌装在厚重黑色玻璃瓶就是为抵御紫外线穿透。

日本餐馆精致小巧,食材新鲜,切割考究,摆盘讲究"色、香、味、器"和谐统一,年轻的俊男靓女,腰系围裙,满面春风碎步踏来,直接双膝跪在桌边,听食客点餐……上菜,双手呈递,弯腰道谢,和颜悦色,温声细语,如沐春风。

由清酒、樱花和待客之道构筑起的东瀛时光,每一秒都是幸福。

清酒讲究"酒米土水木",土是土地,水为雪山水,木是树冠高大的榉木，以便让大树遮天蔽日控制酒厂周边温度，确保清酒清澈。酿酒的精米，经数次磨皮注入纯净地下水，蒸熟、发酵、过滤，严苛缜密。顶级清酒"久保田"和"八海山"，采用东北部"越光"和"秋田小町"优质稻米，频繁现身日本国宴和高级酒会，肩负国家外交重任。

一方水土一方农业，有好米的产清酒，有优质高粱的出二锅头，有上等葡萄的酿红酒，老天爷无论怎样不会让臣民饿肚子，靠山吃山，靠水吃水，人类最初的刚需温饱产业逐渐形成深厚的酒文化，这样一种良性生态循环，横亘历史，面向未来。

行驶在高速路上，间或瞥见酿制厂庞大的蒸馏设备，有朝一日若能深入酒厂，再次觞酌，清酒之清将会清得彻底，清得明白。

日本城市街巷居酒屋林立，面积不大，桌椅拥塞，上班族的各色爷们儿扎堆儿，不必假装斯文，大声说话，大口吃肉，大碗喝酒，快乐逍遥，据说，日本人职场一半的压力在居酒屋掺和着酒精一起挥发。清酒仅15°，但后劲强大，不谙清酒者不可小视微弱的酒精度而贪杯。

名古屋街头夜晚的酒旗是红彤彤的火阵，一盏盏灯笼以排山倒海之势闪亮悬起，新锐密集，光怪陆离，流光幻彩，古代、现代，交汇切换。一间间大排档热火朝天上演清酒、关东煮、鳗鱼饭、北海道海鲜面、金枪鱼刺身寿司……太平洋海风吹拂，暗夜温存。

2018年4月赴东瀛追花，应邀住在日本好友佐纪子家，位居京都郊外，坐守一批鼎鼎大名的清酒厂，于是，她家酒藏丰富，酒具纷呈，她的酒柜是间微缩清酒博物馆，高矮不等、大小不一的酒瓶，清晰着东洋酒脉。

佐纪子陪我赏樱，教我穿和服，为我拍照，晚上，她主理的二十几种菜式铺满长桌，半樽"獭祭"斟逍遥，灯暖酒烫，推杯换盏，长夜温柔。

佐纪子是我在新鲁汶大众传播系的同班，她先生在理工班。我们从青年变成中年，我们来自两个不同的国家，她不会中文，我不懂日语，像当年在鲁汶那样，借着第三方国家的法语，说樱花大道，论美食，聊校园曾经的青春轶事。

比利时新鲁汶大学是法语校区，法语授课，法语辩论，法语生活，法语吵架，多年过去，日语没学成，再次见面用日语交流的承诺也终未兑现。

佐纪子夫妇是京都大学老师，她教法语，先生教飞机制造。

她带我逛京都二条城，我锁定两套酒具，一组是烧制黑色野花的乳白瓷盅，另一组为五只"性文化"酒盅，上面手绘男女交欢，半裸的姿态展现男性阳刚，女性阴柔，将清酒融入阴阳相合的生命文化，颇具创意。

最近读了日本殿堂级导演创作的《北野武的小酒馆》，书封是一瓶"波雪"清酒。借清酒的清雅，北野武悟得人生：

> 活在无高温，更谈不上燃烧模式中的普通人，唯一可做到的是，用热爱抵御生活的琐碎，用时间认识更真实的自己。

立秋贴膘，一煲红烧排骨，一锅宽粉炖大白菜，两盅清酒。
群山间，夕阳正隐落。

习 酒

习酒，不是学喝酒。

一些人嚷着要学喝葡萄酒，吃喝与生俱来，何以学？合胃可口即对口，就像天生喜辣，生来嗜酸，无理由，更无法通过学习改变，世间酸甜苦辣咸就是为满足人类不同味觉而存在。

不沾茶不碰咖啡，却从小不厌酒，幼年的"每日食光"有二锅头的浓香相伴，稍大，便滋生挑战欲，开始尝试与父小酌，酱香醋高楼，乐哉。

哈尔滨的一杯生啤开启我人生的啤酒之旅，布鲁塞尔圣·米歇尔教堂的白葡萄酒，馥冽的酒体为我带来崭新的味觉革命。

我每餐必酒，好比有人每日茶不离口，有人凡餐需雪碧、可乐。很长时间，只凭口感选酒，不辨马瑟兰、赤霞珠、梅乐、霞多丽、西拉，更何况这些葡萄品种的外语名称奇葩异类，拗口难记。循"人生得意须尽欢，莫使金樽空对月"的旷世绝句，不明不白喝了多年，倒也逍遥乘兴，沉醉东风。

有人一说酒就想到酗酒、醉酒，端正的饮者，能始终保持饮酒不违性不违德，酒后清醒，酒酣心阔。饮酒，本质上是对天地间木质藤本植物的崇尚，绝非狂酗烂醉。我嗜饮，但不是酒鬼，更不醉成团。

应邀赶过几次品酒会，主办方现身说法教来宾如何正确品酒，宣讲饮酒步骤和礼仪，卖家上面煞有介事地示范，来宾下面不苟言笑跟着模仿，小心翼翼端着高脚杯，正襟危坐，顶礼膜拜地注视杯中物，递至鼻下，深呼吸，慢入口，慢条斯理在嘴里打转咽下，对酒的崇拜完全超出了亲爹，通俗

Clos la Madeleine 酒庄的晨拍

易懂的葡萄酒被无限神秘化仪式化，并假以高大上，实在做作。在家里这样子喝酒，一定酒未醉身先衰，情趣寡，完全背离葡萄酒潇洒随性的本色。

酒庄的酒会相对比较自由，酒置台面，来宾持酒杯边喝边聊，更符合葡萄酒初始的样子，酒是交流工具，不是附庸风雅的媒介，葡萄酒本无特殊身价可言，一瓶世界顶级酒庄的顶级红酒恐怕也很难贵过顶级茅台中的赖茅。

2017 年，从中国葡萄酒新大陆采访归来，贺兰山纵横的葡园留给我无数职业酒人的身影，他们视野开阔，做酒无空间框范，谈论世界各地的酒就像评论街坊邻里，这种心理空间上的优势，使得贺兰山人通盘掌握各区域酒业的强项和弱势，随即像下一盘棋那样将其逐一走通。他们引进国外最先进酿制设备，参与国际葡萄酒大赛，向世界推介当地物产特色，这是气概，也是谋略。

怎样跟上一支大踏步行进的专业酒人的队伍，采访能听懂，写稿不露怯？

我决定学酒。

　　波尔多二大葡萄酒学院为时三期的培训班，为我打开全新认知葡萄酒的窗口，授课老师的教案不设"学喝酒"课程，强调"喝酒是自然生发的个人行为，开放、随意为佳境，宣讲"无干扰的易感精神"，指导学生正确用杯、开瓶，如何阅读酒标，重申醒酒器和天然酒窖之于好酒的必要性。

　　易感精神——esprit de sensualité，这句法国酒界行话，是指通过脚踏田垄的观摩和实践，掌握葡萄酒的自由特质，反对闭门拘泥仪式将葡萄酒隆重化、仪式化。

　　圣·埃米利翁的玛德莱娜酒庄（Clos la Madeleine）有则宣传广告，是庄主清晨散步的随拍，被波尔多葡萄酒协会相中用在了网站主页：晨曦中，百年老藤纵横酒庄，露台上，几束朝霞滑进两只盛满干红的高脚杯，通透闪亮，更出气象。此番"开轩面场圃，把酒话桑麻"的明媚野趣，正是葡萄酒闲逸之特质，与我们某些品酒会冠以红酒的"高贵浪漫"大相径庭。

　　在酒庄实习，参与酒农修枝、采摘、分拣、压榨，凭天象和洋流走向，研习葡园土壤和地形。参观瓶塞厂，看工人将一张张天然软橡木打造成精致木塞的程序，领会木塞肩负红酒护卫者的重任，知晓纯酿和混酿在不同瓶塞作用下的不同芳泽。

　　我和学员专程到过意大利基耶蒂（Chieti）葡萄酒产区，朵拉·萨尔凯塞酒庄（Dora Sarchese）的葡萄酒喷泉，让我平生首次邂逅南欧奔放的饮酒风尚：喷泉形似巨型橡木桶，上面安装了古铜龙头，旋开，酒杯置下，酒液如喷泉垂直而泻，杯盏闪烁。

　　六月的"波尔多葡萄酒节"（Bordeaux fête le vin），让城市"Bordeaux"做主语，让庆祝"fête"第三人称变位做动词，让酒"vin"作宾语，这种创意的主谓宾结构的葡萄酒节简约而不简单，提纲挈领着葡萄酒的原始瑰丽。以干红、干白、甜白和气泡酒主打的加隆河岸的露天盛宴，见证这座屹立葡萄酒之路的港口城市的疯狂与激情。

　　这是一块充满人间烟火的版图，人人懂酒喝酒，话里话外非吃即喝

实习酒庄

擅吃会做，个个通晓葡萄种植和酿制，论单宁，聊风土，头头是道层落清晰。出门，有葵田招摇，驱车，葡园为路，心中无目标，脑际不设幻想，酒相伴，白云作帐地当床，三千野花，便太平盛世乐逍遥。

　　他们通俗达观，随时传递快乐，分享幸福，与这群人并肩劳作的时光，我豁然开朗地醒悟，人生，原来可以这样子过。

　　这里不存在托关系送礼、不按规矩出牌的风气，更鲜有贪污受贿，这里的酒农和人情，质感而不抽象，将衣食住行沉淀于草莽街巷，有种安其居、乐其俗的市井伟力。

　　酒农绝非没本事才下田务农，他们的坚守来自对农事的兴致和狂热，在波尔多，在法国每一个省份和大区，葡萄种植和酿制是一项激情四射的事业，完全颠覆所谓"没文化才当农民"的奇谈怪论。

　　在星罗棋布的酒庄，与一群曾经的跨国公司高级主管和政府官员相遇，因崇尚刀耕火种，向往春华秋实、五谷丰登的生活，他们义无反顾弃商从农，在天地间乘风破浪。

跟着他们，赏各类野生动物出没葡园觅食的奇观，观松鼠众目睽睽之下上树偷榛子，然后边返巢边漏撒一地的稚趣。葡萄种植岂止是单纯的酿制行为，更是打造人类与动物和平共处的美好载体。

在法国，农者是份引以为豪、备受社会尊崇的职业，他们像祖辈那样，世世代代，扛起背灼天光的艰辛，锻造在任何恶劣环境下永不言败的坚韧，致力光大酿制产业，为葡萄酒赋予情感和人格力量的厚度。许多酒农一生致力家乡酒业，再高的薪酬都请不动拉不走，这是祖上创下的家业，只有坚守的份。

他们累吗？

累。要披星戴月耕作、维护，会整夜守护地头，赶在霜冻前为葡萄树鼓风加热，他们常年日晒风吹雨淋，今日满脸汗水，一觉醒来又是一脸阳光，他们不穷也不富，乐呵呵一如既往地感恩、知足。

因此，我将葡萄酒定义成一份阳光产业，一份制造正能量的农事。

放浪田圃，与酒农为伍，在泥土中摸爬滚打，在天空下观植物生长、动物迁徙，听鸟鸣，闻果香，认知不同葡萄品种并熟练使用各种农具，继而，更加坚定，人不该只是一部简单的写稿机器，生命中，有远比写字更健康、更阳光的职业让内心辽阔、灵魂飞舞。

我心悦诚服地重新界定生命的意义，摒弃出头露面走场的虚荣，追随内心，做生命的主人，不再随波逐流陷入庸俗甚至烂俗，也不像从前一根筋为所谓"敬业"而不舍昼夜。

能做真正喜欢的事，能叫停曾经像苍蝇一样追着采访别人、书写别人的日子，从而认真做回自己并记录自己，便是喝酒和习酒带来的最大收成，这收成，无关乎物质，是精神的，不是寥寥几杯酒、几串葡萄。

诺贝尔和平奖给了世界粮食计划署，不少人表示不解，称"无厘头""太随意"，我认为，这正是诺贝尔委员会视农业为重而展开的一项颇具划时代意义的创新改革，昭示诺奖尊崇农耕的朴素理念。

喝酒讲求传统也呼唤前卫，但绝非做张做势，葡萄酒无关"高大上"，更不具有媒体忽悠的神秘感及繁复礼节，喝酒，喝进味道，喝出心情，简单、恣意，渐佳境。

有人问为何学酒？

喜欢。

这么说要改行做酒？一定比记者赚得多多了。

我不卖酒，只贩卖美好。

因挚爱而学，为激情而做，不赚钱，不图名，只为做自己。

BE MYSELF。

波尔多葡萄酒节广告——Bordeaux fête le vin

告别洋酒

一

2017年记者下基层，我毫不犹豫选择了宁夏。那里有贺兰山，有葡萄酒。

我的选择正确，我发现了世界上最好的酒，圆润、饱满、细腻，清爽馥冽，带着贺兰山沙土和阳光的混合香氛。

此前，宁夏电视台表弟寄过一箱葡萄酒，贺兰神干红、干白和粉红酒共六瓶，酒标上，山神身披金色盔甲，注视远方。

取干红，打开木塞，一股馥郁散出，倒入酒杯，打转，入口，果香浓郁唇齿，几秒后咽下，恰到好处的丹宁，不过强，也不涩，饱满柔顺，一种久违的愉悦。

我被贺兰山酒震住了。之前一直喝智利、澳洲、法国、意大利酒，偶尔也进"长城""张裕"，很少如此惊艳。

贺兰山有机干红采用传统赤霞珠葡萄（cabernet sauvignon），另加百分之二十西拉（syrah），每亩能酿三百瓶，置橡木桶陈酿十二月至臻成熟。秉承万年形成的冲积扇平原土壤、日照充沛及昼夜温差大的自然特性，贺兰神酒构筑了完全不同于波尔多酒的特别芳馨。

又相继开了干白和粉红酒，六瓶酒很快喝空，之后便开启了购置贺兰山酒的美妙体验。

去宁夏！到贺兰山看酒庄！这种愿望日趋强烈。

贺兰山葡萄采摘

　　九月，我脚踏银川，真实地踩在葡园纵横的山野，秋阳沐浴下的贺兰山老迈雄浑，犹如突然间拉开的帷幕，再现"葡萄美酒夜光杯"将士英勇出征的边塞盛宴。

　　与法国波尔多同纬度的贺兰山东麓，堪称国际葡萄酒舞台杀出的一匹黑马，屡获国际金奖，创造着中国的"紫色传奇"，成为宁夏闪亮的文化名片。

　　马不停蹄奔赴酒庄，邂逅各色职业酒人，他们热情洋溢，高谈阔论。这里，人人懂酒、谈酒，通晓栽培、采摘、压榨、窖藏。西北大地，酒意阑珊。

　　在贺东庄园，酒庄老板龚杰在地下酒窖接受宁夏卫视和新华社采访。"酒庄每一株葡萄树，我都像对待孩子一样，它们长在什么位置在第几行，哪株葡萄树挂果我都了如指掌。"

　　他亲自打理几百公顷的葡园，"弃矿从酒是我人生重要转折点，很幸运能发现我的梦想是葡萄酒酿制。""晨起在浩瀚酒庄走一圈是一天最幸福的时刻。"

　　这就是中国做酒的人，严苛、执着，怀揣激情开拓中国葡萄酒的品质和理念。

葡园和麦草垛
的几何理念

加入贺东庄园葡萄采摘，体验背灼天光，篮筐装满，放到葡萄分拣机传送带上，酒农挑选出品质好的果实，输送到下一设备实施后续处理，这道看似简单的工序直接决定葡萄酒的优劣。

在品酒室，龚总从酒柜取干白分享，筛酒恭敬而专注，我猜出是获布鲁塞尔葡萄酒金奖的那款。我肯定，这是此生喝过的中外白葡萄酒中最精致的，金黄澄清的酒体，果香厚重、甘爽优雅，余味悠长。

二

返京。决定告别洋酒支持国货。有贺兰山，何以舍近求远？

从此，贺东庄园的白葡萄酒，银色高地酒庄的粉红酒，贺兰神酒庄的有机干红成为我的三个保留产品，除两款多年在喝的法国红，我正式与洋酒作别。

我对酒用情专一，只要认准几种，几十年只盯这些，换酒很劳神，需要大量时间和精力去选去尝，能在酒庄或品酒会上发现新宠便罢，若在超市乱撞会浪费很多钱，每一次尝试都是冒险，不是每款酒都适合，这与品牌无关，大牌不一定就对口。好酒的标准是年年月月日日都不厌倦，好比恩爱夫妻越过越觉得对方是今生唯一。新酒来之不拒，但喜新不厌旧。

我有瓶 1999 年柏图斯干红（PETRUS），友人馈赠，视若珍品封于原盒束之酒柜。在波尔多培训时曾与老师说起这酒，他告诉我红酒并非无条件越陈越好，如不具备理想储酒环境还是尽快喝掉，一旦成了"马德拉（madérisé）"就非常可惜。

"Madérisé"一词源自葡萄牙南部马德拉（Madère），大航海时代，葡萄酒从该岛长途航行，遭遇白天高温和夜晚凉爽的摧残后变质，后来专业人士将储存不当变质的酒统称为 madérisé。马德拉岛也是葡萄牙足球运动员 C 罗的出生地，如果说葡萄牙有两个时代，一个是尘封的航海过往，另一个是 C 罗时代的孤勇荣光，在他止步八强悲壮告别 2022 年世界杯赛场后，他的家乡马德拉或将成为后疫情时代的旅游胜地。

随即找了个理由，心怀崇敬打开那瓶柏图斯干红，果然如培训班老师所言，一瓶昂贵的顶级干红真的变成"马德拉"。三十年的酒，无储藏条件，历经无数海运、空运，翻江倒海，足以翻掉酒的筋骨。

法国名酒纷呈，在一些场合喝过几款大酒，最喜欢并十几年始终在喝的还是波尔多多涅河右岸大河酒庄（Château de la Rivière）的干红，并非最好最贵，却适我的口感，大河酒庄高等级的那款 ARIA，是那种波尔多红特有的庄重，很灵动，不是凝重。

选酒，首先是口感，然后是价格，切不可太便宜，酒液若迟钝生硬艰涩，专业讲就是 agressif，喝了比不喝还难受。也不可太贵，不能砸锅卖铁喝大酒，多年的经验和教训得出，法国大河酒庄和宁夏贺兰神酒庄的干红，从品质到价格都是最好。

大河酒庄在波尔多弗龙萨克（Fronsac）产区，与圣·埃米利翁（Saint-Emilion）和波马侯（Pomerol）村并列为里布尔产区（Libourne）"三剑客"，大酒柏图斯（PETRUS）就在波马侯。圣·埃米利翁村有几款红酒很另类，但价格偏高不好作日常餐酒，事实上，村里餐馆供应的所有干红都称得上极品，价格当然也华丽，这儿的餐馆只上好酒，世界各地游客慕名来此用餐，输不起。在圣·埃米利翁，红酒从不用质疑。

后来才搞清，圣·埃米利翁的葡萄种植竟然还是世界遗产，去过数次，从没注意村口立着"世遗"牌匾。于我，它的大名无须标签。

三

贺兰山酒庄大都聘用了美法澳首席酿酒师，银色高地酒庄的酿酒师 Thierry Courtade 来自波尔多酒农世家，娶了贺兰山姑娘高源，毫无保留带着祖传家族秘方率领由当地年轻人组成的精兵简将，共同完成种植、采摘、酿制及装瓶，打造银色高地中西合璧的跨国气质。

酒庄会客室正对贺兰山，木桌上，几杯倒好的粉红酒，山风吹过几分清冽，这款招牌酒很前卫，酒标也知性，方寸纸间簇拥着淡粉和深粉的花朵，说不出什么花，拥在一起很别致，酒瓶用的是里昂瓶，底平坦、厚实，酒和瓶，都拉风。

事实上传统法国葡萄酒酒瓶自古循极简风，罕有华丽，偶见镶金带银都是专供出口亚洲，酒农知道"亚洲人讲面子"，他们注重的是"里子"。法国所有的葡萄酒包装走素简风，不做任何装饰，酒标只印酒庄的名字、LOGO、葡萄品种和装瓶日期。

我原来不喝粉红酒，总觉丹宁不足绵软有余，银色高地之行颠覆我的认知，并快速瞄上这家粉红酒的"家族珍藏"系列，贺兰山充足日照并未给予它热烈强硬的气质，反倒有种慵懒的馥洌，酒液娇红粉艳，舒展而时尚。酒庄品酒很容易一见钟情，勿轻易尝试。

在波尔多 Vignoble des Verdots 酒庄，我系统观摩并参与了粉红酒酿制全程，这里采用的是浸皮和"saignée"两种方法，即把大颗粒未浓缩的葡萄"放血"。医学术语用于酿制听起来有点瘆，可酒是真销魂。

"贺兰山酒除了贵没毛病"是中国爱酒人士的共识。中国葡萄酒比进口酒贵，贺兰山酒尤其贵，当地酒农告诉我，仅冬季葡萄树埋土一项成本就使酒价数倍翻涨，酒主要面向星级饭店和酒吧，难以普及至大众消费市场。普世讲，葡萄酒只有走上百姓餐桌方能彰显文化和经济的双重意义。

贺兰山酒该如何面向百姓让全民"无心理负担、无罪恶感"地开怀畅饮？贺兰山大量启用法国酿酒师同时，能否取经他们便宜的酒价？有朝一日，这儿的葡萄酒若能降至法国当地五至二十欧元的价格，定是我等酒鬼们的莫大福音。

在欧洲，喝葡萄酒就好比美国人喝可乐，是一种非常普及并日常的餐桌行为，没有被人们神化的花里胡哨的文化渊源和繁复礼仪，更贴不上所谓"高大上"，喝就好，没那么多讲究，饮料而已。喝可乐深究可乐文化吗？

进酒是笔不小的开支，饮酒是一种味觉享受，更是向大自然致敬。我从不沾任何饮料也不喝茶，顽固地认为只有葡萄酒是无任何添加、经橡木桶自然发酵的最本色饮品。在越来越多的地球人直面肥胖、"基础病"和"三高"困扰的时代，葡萄酒更加彰显其优势。所有从贺兰山酒庄进的酒，瓶子倒空抛弃之前，我会拿起来对嘴吹掉最后一滴，这动作看上去土，钱是自己的，资源是社会的。

自从搭上贺兰山，一步登天再也下不来，偶有罪恶感。只要不酗酒，对酒当歌，不欢何待？

宁夏卫视再推新酒庄，画面上，法国女孩 Christelle 率领贺兰山酒庄的男男女女，雄心勃勃誓将贺兰山酒推向法国，走向欧洲，让"中国红"红遍全球。

她全程流利中文，一脸自信。

民族的，即世界的。

"父亲的荣耀"

一

"父亲的荣耀"(La gloire de mon père)是款红酒，覆盆子、草莓香型，单宁紧实，力度中不乏柔顺。

酒的品质显而易见，无相当底气谁敢随便冠以"父亲的荣耀"？这关乎家族荣誉，岂能乱来。酒标下方印着"女婿堡酒庄"(Château Tour des gendres)，家族一帮子女婿合伙酿酒的场面跃然眼前，酒庄名俏，酒也俏。

冲着"父亲的荣耀"我常去进酒，酒庄在 Ribagnac 村，村民世代以种植和酿制为生，自下而上铺展开的葡萄园，将几座石头老宅托举在高坡上，古旧的女婿堡，承揽着家族葡萄酒的生产、装瓶和销售。

酿制车间的主墙开了一扇"油画窗"，画面上，女提琴手倚窗，长发，侧脸，线条柔美。古老酒庄，文艺款款。

工作人员说，画中人是酒庄第一代主人的妻子，这位主人也是"父亲的荣耀"这款干红品牌的始创者。

院落中，几张桌椅拼成简易酒台，冬天、夏天品酒都在露天。"酒要在常温下才能喝出真实状态。"老板娘 Sophie 端来两杯"父亲的荣耀"。

在欧洲，户外文化是种生活方式，冬天城市街头的露天酒吧，总有成堆的人在室外热火朝天地喝着，聊着。似乎，酒和咖啡，天空下马路牙子边才有气象。

石墙上的
"油画窗"

　　女婿堡，成千上万庄园中的小酒庄，甚至排不上波尔多"列级"，而一代又一代的家族成员，拉着酒桶，穿梭当地酒节、酒市，凭借祖传秘方在 Bergerac 地区收获了不小的名气，常年有固定消费者来进酒，价格低，酒好，知根知底。

　　Sophie 说，"父亲的荣耀"是酒庄的招牌，也是常青款，用葡园仅有的一块风土葡萄（cépage）酿出来的正宗风土干红（vin de terroir），产量低，不外销，谁认谁买，家族小作坊，不求大名大利，但要守住家业，维系父亲的荣耀。

　　"你家'父亲的荣耀'与作家马塞尔·帕尼奥尔（Marcel Pagnol）《父亲的荣耀》同名，有什么关联？"我问。

　　"哈哈纯属巧合，我们做酒，人家做文。"

女婿堡酒庄

友人送过我《父亲的荣耀》作生日礼物，还送了童年序列之二《母亲的城堡》（Le château de ma mère），我粗略读了几章便塞进柜子。疫情中有段时间不出门，我取出尘封的书，再次潜入作家帕尼奥尔天马行空的笔底，听普罗旺斯乡间蝉鸣犬吠，看村里的孩子打猎拍蝴蝶……很难想象作家六十岁笔下的少年往事依然清晰、率性，名家即便再老，内心的激情从未缺席。

开一瓶"父亲的荣耀"，边喝，边读，仿若回到那年四月在女婿堡酒庄实习的日子，第一天，就赶上霜冻，田里架着热风机，燃着麦草垛，制造热流升温空气，保护葡萄树不遭遇霜冻。

酒农彻夜奔忙，风机轰鸣，火焰蹿腾，照亮暗夜……

这一幕太震撼，我从未想象过疏朗辽阔的葡萄田瞬间恍若烽火燎原的战场！平生第一次领受承日月精华、浸天地灵气的葡萄酒，竟蕴藏了耕耘者如此的意志和艰辛。

这是人与自然的博弈，胜了，今年的收成便有着落。庄主说。

这句话，铭刻于心。

酒农，不易。

二

马塞尔·帕尼奥尔（Marcel Pagnol），马塞尔·普鲁斯特（Marcel Proust），两位童年题材的大作家，同名，不同姓。

普鲁斯特的《追忆似水流年》，中国阅读者几乎人手一部。"秋天，树叶落在卢森堡公园雕塑的白色肩膀上，小男孩像麻雀一样蹦蹦跳跳穿过公园去学校……"这是普鲁斯特童年回忆录的章节，英俊少年和巴黎秋天的描写都是极致，为此买回一套原版，而阅读过程并不流畅，句子超长，介词多，从句繁杂，经常八九行过去一句话还没有句号，看着看着忘了主语。

帕尼奥尔的童年四部则完全不同，无生僻单词，语句短促，朗朗上口，很明快的阅读体验。

《父亲的荣耀》原文摘抄：

Les deux chasseurs, après quelques recherches, ramassèrent les victimes, qui étaient à 50 mètres l'une de l'autre, et les brandirent à bout de bras. Mon père criait: "Bravo!" Mais pendant qu'il mettait la perdrix dans son carnier, je le vis faire un petit saut sur place, et retirer fébrilement les douilles vides de son fusil: un beau lièvre, qui venait de lui passer entre les jambes, n'attendit pas la fin de l'opération et s'enfonça dans la broussaille, la queue en l'air et les oreilles droites ⋯ L'oncle Jules levait les bras au ciel:

"Malheureux! Il fallait recharger tout de suite! Dès qu'on a tiré, on recharge!!!"

Mon père, navré, ouvrit des bras de crucifié, et rechargea tristement.

Alors, je bondis sur la pointe d'un cap de rocher, qui s'avançait au-dessus du vallon et , le corps tendu comme un arc, je criais de toutes mes forces: " Il les a tuées! Toutes les deux! Il les a tuées!"

Et dans mes petits poings sanglants, d'où pendaient quatre ailes dorées, je haussais vers le ciel la gloire de mon père en face du soleil couchant.

中译文：

找了一阵儿，两个猎手拾起猎物举起晃了几下，它们分别落在相隔五十米的地方，父亲喊道"太棒了！"把山鹬放入猎袋时他忽然跳起，手忙脚乱从枪膛取出空弹壳，一只肥硕野兔从他腿间闪过，没等他装好子弹就翘着尾巴、竖着耳朵钻进荆棘。姨父于勒遗憾地举起双手。

"倒霉鬼！本该立马装上子弹！每次开枪后都得立即上膛！"

父亲沮丧地摊开双臂，愁眉苦脸得像被钉十字架，随即上好膛。

这时，我跳上伸向峡谷的悬岩一角，身体像弓一样探出，大喊"他打中了！两只都打下来了！"

我鲜红的小拳头垂下四只金色翅膀，面对夕阳，向着蓝天，我高高举起父亲的荣耀。

《父亲的荣耀》，守望乡土童年，父亲是山，也是玩伴。帕尼奥尔的童年回忆，轻松、浅显，野趣澎湃。

帕尼奥尔父亲是名校的老师，教他读书写字，带他奔走葡园……我们有相似的童年，我父亲也是教书匠，唱二六节律的"空城计"，写一手好文，种一园子蔬菜，我跟他一起唱大戏、横渡长江、打麻雀。

在女婿堡酒庄实习的日子，调酒师阿兰常跟我分享帕尼奥尔的童年四部，他最爱读之三的《秘密时光》（Le temps des secrets），还跟我坦露他和哥哥的童年秘密。

小时候他住在南法渔镇 Sète，每天和哥哥跟母亲到镇上买面包，兄弟俩看上柜台那把拉吉奥乐（Laguiole）老牌面包刀，鬼使神差顺进兜里，两人玩刀时被母亲发现，当即被揪到镇上将刀归还店铺，并勒令分别给店老板当面认错，然后母亲又郑重替二子致歉。

"这件事让我懂得做人该像我母亲那样，向阳而生。"阿兰说，"帕尼奥尔的童年四部作品是乱世中清远的天空。"

四部曲《父亲的荣耀》《母亲的城堡》《秘密时光》《爱情时光》，影响了几代法国人，这种影响，还在继续。

三

我随即又追了帕尼奥尔的《山泉》。

20 世纪 20 年代，玛侬一家从城市搬到普罗旺斯乡下继承农场，遇到致命水源问题，玛侬父亲不得不进山运水，并在打井爆破中不幸死于非命。事实上他们家门口有一眼山泉，村民巴伯和其侄子于戈兰保密不说，还鼓动全村缄口。玛侬一家以为面对的是残酷的自然力量，并不知遭遇了农民的狡猾。

巴伯和于戈兰阴谋得逞，抵债买下玛侬家的农场，刨开泉眼，种植康乃馨，几年暴富。玛侬和母亲破产后退居山洞，以牧羊为生，凭直觉，她感到巴伯家与父亲的失败和死亡有关，她要报复。她在山洞发现了山村水

在女婿堡进酒

系的总源泉，将泉眼堵死，全村遭遇断水。

　　于戈兰的花田旱死，向玛侬求爱被拒，双重绝望中，他自缢身亡。于戈兰叔叔巴伯也被另一事实击毁：他赴北非从军前与本村姑娘有过一夜情，玛侬死去的父亲是他的遗腹子，玛侬是他亲孙女。

　　玛侬不是简单的复仇者，当她以牙还牙阻断水源，全村陷入绝境决定举行祭祀时，她听从了年轻的乡村教师贝尔纳的劝说及时罢手："这座城市只要还有一个义人，就不应该被毁灭。"

　　帕尼奥尔笔下玛侬的父亲，代表着当代法国人清朗素朴的生活观，"我需要空气和空间让我的思想凝聚，我感兴趣的，只有真实、坦率和宽容。"

　　读到此，我一下想到我和葡萄酒老师何涅先生的那次对话，他跟我讲述如何请辞上海欧尚中国集团高级财务总监的职务，义无反顾选择隐居波尔多乡下打理酒庄和葡萄园的经历。

"在五十岁干事业的黄金年龄放弃高薪工作回乡务农到底图什么？"我表示不解。

他的回答与帕尼奥尔笔下玛侬的父亲如出一辙："j'ai besoin de l'air, j'ai besoin de l'espace, je préfère vivre la nature et l'authentique."（我需要空气、空间，我要在自然和真实中生活）。

两个不同时代的人说完全相同的话，是巧合还是观念相合？

帕尼奥尔，法兰西学院院士，能进入只有四十个名额的学术机构，除了等另一个院士去世，剩下就全凭真才实学。帕尼奥尔离世后，没去拉雪兹墓地与扎堆的文学巨匠们凑热闹，他选择了罗讷河口拉泰勒公墓长眠，墓碑上，有他自己用拉丁语拟好的铭文：他爱过山泉、他的朋友和他的妻子。

他精通英语、拉丁语，翻译过拉丁语诗歌，两三岁就识字，实在没得看就看菜谱，反正得有的看，不能闲着。那时他母亲总担心"这么个小人儿读那么多书脑袋会爆炸"。

想到我小时超级厌恶读书，成天被母亲追屁股后面逼写作业、背诗、背古文，同是小孩，如此不同。我始终认为，有天赋者皆基因使然，逼不得学不来。就好比骨子里就想参军者，无论驾驭哪种题材，字里行间皆刚毅，铮铮威凛容不得半点娇嗔软语、儿女情长。

喜欢帕尼奥尔式的天马行空，试图模仿他的潇洒、散漫，导致此篇过长没了主题，从红酒"父亲的荣耀"到小说《父亲的荣耀》，再跨越至《山泉》，文不对题，偏离主线。

笔风学不来，仿照了也是东施效颦。有些潜质，基因里自带，有些胸怀，与生俱来。

最小、最贵

我从没买过柏图斯（PETRUS），太贵，不是我等消费得起的酒。一位爱酒人送过我一瓶，1999 年葡萄的好年份。上网查，价值人民币三千余元，有点咋舌。

一直搞不懂这酒昂贵的理由，在波尔多产区实习时，离得近，来了个实地勘察。

夏末秋初，周末气温飙至 36℃，驱车至多涅河右岸，抵柏图斯，世界顶级红酒庄园，产量最小，价格最贵。或许，正是波尔多忽冷忽热的抽风气候成就了此地葡萄有别于其他区域的特殊品质？

酒庄在波美侯村（Pomerol），距鼎鼎大名的圣·埃米利翁仅 3.5 公里。进村向北，一幢 19 世纪波尔多建筑兀立葡园，没有想象中世界顶级酒庄庸俗的阔绰，稳健把持法兰西极简朴质的格调。

入口，铸铁栅栏门上雕铸着两把交叉的金钥匙，酒堡大厅入口，两只高硕的陶土酒鼎压阵，相比拉菲等左岸酒庄的富丽，柏图斯复古、素简，轻慢庞大。

进入品酒厅，一溜儿的落地窗拥进阳光，通透地照耀着几只灰尘满面的酒瓶，酒标上只印"PETRUS POMEROL GRANG CRU"（柏图斯，产地波美侯，特级干红），诠释愈大愈简。

顺阶梯到地下酒窖，打开铁栅栏门，凉气冲来一阵寒噤。排排巨型橡木桶，漫延排列，阵势宏大，酒桶上标着年代和葡萄品种，粗犷的木纹肌理挥洒橡木坚韧的生命特质。

酒窖两侧还有独立的小酒窖，上着锁，几万瓶精品陈酿因年代久远而灰头土脸，老迈地显示着雄厚的窖藏实力，不慌不忙，静候最佳时机亮相大场面。

"我们全部采用全新橡木桶，每三个月换次桶，让酒吸收不同橡木的香气，这种不惜成本的做法迄今无人企及。"酿酒师路易说。

巨大的投入，高昂的成本，柏图斯的百年辉煌，原来联系着这方隐秘而深长的地下世界。千百只圆肚酒桶，三个月一换，每只桶约800欧元，加上换桶的人工费，成本相当可观。这难道就是酒好酒贵的理由？

喝柏图斯，一定不能忽略这位勇敢的女性，1925年，艾德蒙·罗芭夫人（Madame Edmond Loubat）买下柏图斯庄园，由此开启柏图斯葡萄酒至高荣耀的时代。罗芭夫人背着红酒进入法国富商、高官等高级社交圈，又一路北上英国，进军皇室。

40年代，柏图斯两次荣登伊丽莎白二世的订婚宴和婚宴，成为皇室成员的杯中特宠，并在伦敦高级饭店独领风骚。60年代，酒庄易主，让-皮埃尔·莫伊克（Jean-Pierre Moueix）入主柏图斯，迅速将此酒攻入白宫赢得肯尼迪总统赞赏。

英国皇家宴会选酒大有文章，伊丽莎白女王有自己的皇家酒窖，专供女王、首相和外交大臣的外交活动，被誉为"英国外交的秘密武器"。酒窖的豪华管理阵容叹为观止，四位葡萄酒大师和两位前外交官全权负责酒的选定、购置及分配。美国总统奥巴马曾应邀参观皇家酒窖，被其规模和窖藏震慑。

事实上，在罗芭夫人成为首位柏图斯酒庄女主人时，酒庄并未划在波尔多行政区内，酒因此无法得到列级评定。精明的罗芭夫人另辟蹊径，肩扛美酒，跋涉千山万水进行推介、品鉴，最终打开柏图斯让世界认知、追捧的大门。

法国葡萄酒历史始终与精明强干的女汉子脱不了干系，红酒业有罗

葡萄酒展会

芭夫人，香槟酒业产生过名动寰宇的"香槟三寡妇"，总之，法兰西的寡妇对于酿制确实有头脑，有魄力，更有不菲的成就，让人刮目相看，不敢小视。

很难相信柏图斯酒庄仅有 12 公顷的葡园，且种的是不被业界看好的梅乐葡萄，要追求怎样的极致方能长期稳居极品红酒宝座？这当然要归功罗芭夫人，也更得益酒庄自带的特殊风土。

柏图斯与村里其他酒庄一样，都是小规模的家庭精工细作，村子方圆不大，独享微气候（micro climat）和产地土壤（terroir），这是高品质酒不可或缺的两个重要条件。而唯柏图斯这块地的微气候在村中最佳，集葡萄种植、生长所需的所有要素于一身，酿出世界顶级干红赚大钱。柏图斯葡园在村里面积最小，而就这 12 公顷，家族世代子孙啥都不干就够了。

路易介绍，酒庄只生产红酒，葡萄品种 90% 是梅乐，种植密度低，每公顷五千棵，每棵树仅挂几串葡萄，保证每粒汁液的浓度。

　　我观察到这里的葡萄树并不高大，根植于石灰岩土壤，弯曲、粗壮地横向生长，在强悍秋阳的照射下，墨色树干呈现年代的沧桑。

　　路易说，树龄都在四十至六十年之间，采摘全部在干爽和阳光充足的下午进行，确保阳光将夜晚留在葡萄上的露水晒干。"如果阳光或风力不够，就派直升机把葡萄吹干后再摘，两百人同时进行，一次性摘完。"

　　直升机？这么大动静！两百人，如此浩大的布设！

　　柏图斯红酒昂贵的理由不言而喻。

　　柏图斯不生产副牌，平均年产三万瓶，遇葡萄成色不好，宁可扔掉也

Petrus 周边酒庄

不粗制滥造，品质，是酒庄生存的唯一理由。

酿酒师路易很坚定。

"柏图斯红酒没有 1991 年的，那年葡萄遭灾零酿制。"

我观察到，纵向排列的葡萄树根被颗粒碎石覆盖，看不到任何肥沃松软的土壤。他说，这就是我们村特有的石灰岩土，一种最讨葡萄欢喜的土壤，看似不肥沃，却隐藏上百种铁矿元素，让葡萄树茁壮、酒液独特。"柏图斯酒庄就是因颗粒碎石得名，是拉丁语，意为'石头'。"

波美侯，方圆不大，凭借特殊的阳光、土壤和葡萄树，引来各方人马集结围拢，调研勘察，农耕气魄，铺天盖地。只叹我等小百姓钱袋子不够丰满，只有逛酒庄咽口水拍照留念"到此一游"的份儿。柏图斯红酒不属于每天喝一次的酒，也非一年喝一次，也许，一生只能喝一次。

开到村南另一家庄园，寻了杯干红。村里的酒都是极品，小作坊精酿制，喝不起柏图斯，村中其他庄园的酒，对于非专业爱酒人已足够闪亮。据说，柏图斯酒面对的都是国际业界专业大佬，那不是喝，是研究、鉴定。

回程，慢悠悠开在葡园蜿蜒的窄路上。路过希萨克酒堡（Château Cissac），停下。

门口一份纸单的扉页上写着：我们永远在追求品质的路上。

希萨克酒堡，波尔多列级名庄，生产以覆盆子和草莓等红色水果香气为主打的红酒，依仗力度和优雅享誉欧洲。

希萨克之王道在于，坚持做普通消费者买得起、喝得起的酒，不让自然馈赠只是少数人的杯中物。

朴素的企业文化，流荡天下。

乡村下午茶

同学小聚，众荐 Issigeac 村。

开车走土路，十分钟。

村不大，房舍以石为座，托起一刷齐的二层橡木楼阁，铺排在中世纪窄巷，风吹日炙，可见木架爆裂，苔痕布墙，苍劲老迈。

至村东，田圃农家舍，闻听鸡犬吠，穿过葡萄枝缠绕的院门，走进去，院落盎然，几张木桌，裂纹清晰，粗粝朴拙，窗下，独轮木车载着一盆盛开的玫红色夹竹桃，围筑起雅致的茶语环境。

当轩对杯茶，四面芙蓉开，良田、美池，朗朗在目。

老板娘 Sylvia 招呼着，开了瓶本地的 Monbazillac 贵腐酒，递上作坊奶酪，一转身，又从烤箱端出亲手烤制的英式姜糖蛋糕，热烘烘蒸腾着姜的辛香。

Issigeac，西南佩里高地区的中世纪古镇，岩石、阳光和葡萄种植园，吸引大批英国人来此置业定居，Sylvia 就是英国人，来了三十多年，讲一口流利的"剑桥"法语，带着几分英伦学术的风仪。

黄油饼干出炉，她力荐茉莉花茶，一只中国清代五彩瓷茶壶和祭蓝杯盏摆上桌，加水，倾注，白色香片在清水中浸润鲜活，清香飘荡，满杯春意。

"喏，给你们几把祖传银勺搅拌方糖。"斟茶，请茶，娉婷含笑，显示女主人的身份和风雅。

研磨咖啡递上，浓香沸腾，两盘法式千层酥，夹层里点缀着草莓，很美艳的样子。

"千层酥看上去好立体。"

"草莓的功劳，早晨刚从后院摘的。"

饮茶，话茶，兴致益然，我等完全不茶不咖啡者，显得格格不入，有点另类。

女主人端来一杯香槟，"在英国很难找到完全不喝茶的人，中国茶文化源远流长，你怎能坐怀不乱？"

"我想应该是味觉的自动选择。"

"那你平时喝什么？"

"白开水。"

她睁大双眼，顿了两秒："白开水就是太淡没味道，不过最健康。"

我顺势解释，生来喜纯粹，做菜也同样，肉是肉，蔬菜是蔬菜，从不混搭混炒不清不楚，蔬菜有自己的原味清香，肉也能留住肉之浓厚，就好比酒水我从不看好 Sangria 一样，这种好多果汁和几款酒混杂起来的果酒，对酒的结构来说都是致命伤。

我的食事不涉碳酸饮料，除了白开水，就是葡萄酒。

在乡下，下午茶不局限于茶，可依口味和习惯选择贵腐酒、鸡尾酒、果味啤酒和咖啡等，不讲排场，不追程式，也不必像英国人专门换上礼服，戴上手套和礼帽，只需身在山水，享自由无羁、得天地之韵、造化之巧，生命已灵动。

上茶可以等得地老天荒，茶客也能喝得悠闲漫长，一旦落座，时间概念便全然不存在。法国人每天有效工作时间不多，都在各种吃喝中消磨殆尽。

Christian 突然掏出个透明玻璃罐，众人眼睛发亮齐声喝彩："这下午茶不要太帅，居然还有秘制鸭肝！"

西南地区出产全法最好的鹅肝和鸭肝，尤适宜与醇洌干红相佐，我从酒单选了款五百毫升小瓶干红，本地小作坊出品。

引来掌声一片。

法式下午茶比英式更贴近自然生态，英国人喜室内，只饮茶，讲求规矩和仪式；法国人茶事无拘泥，饮品丰富，茶点广泛，源自民族的思维自由、生态自由。

两只绿眼黑猫从院外溜进，左顾右盼，寻个不抢风头不碍事的位置，趴下，听茶客高谈阔论，海阔天空。

大家吃着，喝着，聊着，鲜花、茗茶、咖啡和葡萄酒之各种芳香混合，醇厚浓郁。

不远处，葵田金灿，向着太阳绽放。

邻桌几个英国人喊了声"La vie est belle！"（美好生活）这句家喻户晓、

酒农家下午茶

被说烂的口头禅，用在此时此地，刚好。

绿色饮品，生态人生，日月悠长，山河无恙。

17世纪时中国茶引入法国宫廷，"太阳王"路易十四爱茶、喝茶，宫内有"咏茶诗会"，茶之精神品质与潮流逐渐演变成"聚坐，阔论，交流"为节拍的生活变奏。

法国有中国茶专卖店和网店，取名"茶宫"（Palais des Thés），与颐和园"Palais d'été"谐音，这文字游戏玩得太高级，一定是哪位大汉学家的创意。

友人Gilles专在"茶宫"买中国茶叶，他不喜欢欧式茶包，"只有中国茶的绿芽褐叶飘荡在水里才有茶意，才称得上茶事。"

茶酒，不单健身强心，还能表敬意，擎雅心，助行道，引墨客兴致勃发，才思横溢，下笔如神。普通人不具苏轼"俯仰各有态，得酒诗自成"的天赋，也不求酒清为圣、以酒明志的境界，若得"青灯耿窗户，设茗听雪落"，时光，亦逍遥。

村庄 Issigeac

橡木桶

宁夏贺兰山。

西鸽酒庄地下酒窖，葡萄酒发酵，酸甜气味高扬，上千只躺倒的橡木桶纵列排开，圆肚上刻着"大西洋海风"（Vent d'Atlantique），这厂家的名字很招牌，一看就是波尔多的桶。

"每只桶八千至一万人民币不等，能发酵六十加仑酒，可用三次，之后橡木味弱化，酒的果香也趋平淡。"酒庄工作人员介绍。

2019 国际葡萄酒博览会，巧遇新生代中国酒业资深人士许一楠。"中国酒庄偏好法国和美国橡木桶，法桶多为手工，比美桶贵但质量世界一流，国产酒的橡木香味比例占到百分之七八十，国外只占百分之五十，少了更多对酒的人为干预。"

"橡木桶烘烤后有丰富的香草味，带给葡萄酒烟熏、肉桂和焦糖的不同口感。"

他纠正了一个错误概念，不是所有好酒都过桶，法国好多高端酒都不过，以充分保持葡萄自然香气，橡木桶香氛比例多少，全凭酿酒师的意志和爱好，酒的品质与桶无关，也有普通餐酒是过桶的。

"木桶第一年味道最重，越用越淡，五年味道散尽，西班牙一些葡萄产区还在用四百年的酒桶，这时的桶是容器，不具发酵功能。"他说。

在欧洲，陈年酒桶会摆在酒吧和餐馆门口当装饰，日晒雨淋，苍苔生翠，通俗易懂地展示葡萄酒古老并大众化的双重特质。

上等橡木桶一定来自优质橡树，橡树包含着世代乡俗旧例，在农村，

橡木桶一劈两半当花盆

酒桶改造的桌子

西南 Creysse 村酒铺

新婚夫妇要栽种橡树，为今后儿女结婚做准备，二十年的木材能做房梁、打家具，橡树砍伐后接着长，继而铺天盖地，形成几百年的老橡树林。

我在酒农家见过橡木制成的老式冰箱，它们曾经是二十世纪五六十年代法国肉铺的标配，厚实，隔热性能好，门上是纯铜大把手，复古又拉风，现代冰箱诞生后，有的屠夫把橡木冰箱拉到旧货市场，有的自个留家里权当纪念和怀旧。

驱驰乡野，砍伐的橡木堆成整齐的四棱锥形，与麦田里圆滚滚的麦草墩构成法兰西深刻的草莽气象，这样一种粗粝的乡土画面，像极了我的童年，让我莫名兴奋。喜欢橡木，是它从房屋建材进入了食物链，还是蕴含了东西方共同的审美取向？

当年，流放马车驶过枫丹白露，拿破仑面对遮天蔽日的野生橡树林黯然神伤，橡树，是他政治生命和戎马生涯的精神依托。巴比松主街石墙以橡树为题的马赛克壁画，定格了橡树的百态千姿，展示十九世纪法国北方的农耕意象。

波尔多郊外有个橡木桶小镇，主街道上一溜儿的废弃酒桶，有三只酒桶平行竖立，有五只平卧堆砌，不少酒桶一劈两半充当花盆，沿街次序排开，繁茂招摇。美艳、素简的葡萄酒文化景观，像是经过艺术家之手，产生前后左右的和谐，游人无须翻书，波尔多产区葡萄酿制史全都抖擞起来。

酒桶，是主题，是装饰，更是大西南的气质。

波尔多老城，一幢公寓楼的铁艺露台上，主人立了只崭新的橡木桶，上面一盆花、两瓶葡萄酒，花衬酒，酒佐花，如此布设，如生命绽放，古旧街区明媚生辉。一间年代久远并不时尚的阳台，蓬勃生机，草长莺飞。住在这样的房间，即使家徒四壁，生命亦精彩。

拍照记下露台，想着有朝一日也买只酒桶陈之院落，斟杯酒，诵孟浩然"酒伴来相命，开尊共解酲"。

在法国，大蒜、葡萄、南瓜等随便什么农作物就能拉成个集市，而勃艮第、波尔多、香槟产区的橡木桶集市最好看，这里永远摩肩接踵，生意兴隆，古风浩荡。各路人马，不分国籍、阶层和种族，挤在嘈杂的酒桶市场，操着或流利或蹩脚的法语，询问桶的制造、工序、年代，再象征性杀个价，哄笑中，将一只只成交的新桶和旧桶抬上卡车，那阵势，生猛又壮观。

法国整体恋旧，每家都藏着老祖宗遗产，每户都有三百年前的铜制锅碗瓢盆悬挂上墙，炫耀黄铜的古老与深厚，四百年的实木橱柜遭遇虫蛀，坑点细密、变形开裂，也要大大方方占据客厅，陈示岁月悠远。

是吝啬？

不。

是怀旧。陈年旧物有感情，有温度，延续人生，巩固生命积淀，这样的民俗文化通透又通俗。

橡木桶和葡萄园

　　贵腐酒酒庄（Monbazillac）的那段路，数十只完成使命的大酒桶堆叠在一起，点缀由低向高纵向展开的葡园，西南葡萄酒文化，几分波俏，几分朗丽。

　　我发过数次这里酒桶扮靓葡园的视频，洛杉矶的依湄湄每次惊叹"法国葡园像极了美国 Napa 葡萄酒乡"，却每次感慨"由橡木桶延伸出的风景与 Napa 完全不同"。

　　在箍桶工厂，我认真看过工匠把白橡木劈成三十二根木条，抛出几何线条的曲面，再用金属箍圈一道道箍紧，然后进入轻度、中度和重度烘烤，以满足各类酒酿制所需的香气。

　　桶一定要烘烤吗？我问箍桶工厂车间主任让·克洛德。

　　"烘过的橡木弯曲韧性好，易于成桶，橡木中的单宁有助葡萄酒建立骨架，桶壁使空气缓慢渗透，酒液适度氧化，让尖酸生涩的汁液变得圆润细腻，色泽也老辣，色正，酒必靓。"

"橡木桶为何做成圆肚形状？"

"易于在地上滚动，方便运输，桶本身已经八十公斤，加上酒液会更重。"

葡萄酒能喝，还能引领国际时尚产业，干红厚重的酒红色，一个世纪前已被法国时尚界正式命名成"波尔多红"（rouge Bordeaux），国际一线奢侈品品牌都采用"波尔多红"定义服饰和手袋的颜色，酒文化沉淀于衣食住行，愉悦感官，情趣生活。

那年，在波尔多以东的 Britoire 城堡，我们在深长迂回的酒窖漫游穿行，几公里长的大肚橡木桶威武列阵欢迎致意，场面浩荡，气势庞大，这酒气氤氲的地窖，竟生出几番英雄气概。

那年八月，阿尔罕布拉宫外，露天酒吧，酒桶当桌，来一杯安达卢西亚干白，馥郁清洌，削弱南欧灼热的暑气。

"这像是西班牙四百年橡木桶沉淀过的酒？"我问伙计。

"正是，你怎么知道？"他说法语带着西语的铿锵，有点魅惑。

"猜的。"

身边，摩尔人后代进进出出，食客围坐，竖立排开的酒桶上，高脚杯高低错落，推杯换盏，语笑喧阗……

这里，每个角落明亮、通透，如杯中清凛的干白。

这里的欢乐不造作，比天空还自由。

格林纳达，安达卢西亚的南方古城，领受酒桶文明的光照，有些热烈，带着南方的奔放。

国家之潜力，在于每个时代都有格局完整的遗留，橡木桶便是其一。

鹅肝还是鸭肝?

一

初食鹅肝,是二十多年前在北京"福楼"法餐厅。清楚记得四个人吃了一千两百多元,在当年,这不是小数。

正宗法餐必然绕不开鹅肝,每人盘子里就一小块,体积如"白玉"豆腐干。法国服务生操流利汉语,热情洋溢宣介这道御用美食的来历,号称我们用的这款鹅肝,来自法国顶级产区斯特拉斯堡,着重强调,当年国王路易十六首品的鹅肝,正是来自这座城市。

18世纪,阿尔萨斯省长将秘制鹅肝供奉给路易十六,国王品后叹为"极品珍馐",随即将鹅肝列入御用美食。这个以"大胃"著称的美食家国王,上断头台的前夜还有心情狂吃,他的包含牛排和半只鸡的"最后晚餐"中就有鹅肝,这样的美食加上这样的好胃,也算是"死而后已"了。

文学圈的人也趋之若鹜,乔治·桑、大仲马,还有那位写《情人》的杜拉斯都是鹅肝狂热的食客,杜拉斯是出了名的吝啬,可鹅肝酱抹面包是每餐标配。作家们吃的鹅肝并非都产自斯特拉斯堡,好多来自波尔多地区的农家作坊。

行走在波尔多散漫的乡野,发现这个久负盛名的红酒之乡,不单聚集古老的葡萄园和酒庄,更有无数鹅肝和鸭肝的家庭作坊。造访酒乡逛酒庄,还不如说热衷穿羊肠土路,在冲天老树的浓绿中,冷不丁发现一座农场,走进去，与农场主聊聊马群、奶牛，喂鸭子，看作坊，尝尝他亲手制作的鸭肝酱，临走顺便捎上几罐。

Monbazillac 酒庄主要卖自产贵腐酒，每次进酒我会顺上几罐酒庄的秘制鸭肝，搭贵腐酒很别致，葡萄霉菌混合柠檬的馥郁为鸭肝带来惊艳的口感。

到了波尔多才知道传统鹅肝已被鸭肝替代，鹅肝味道重，留香短，成本高，售价贵，一公斤上等鹅肝在两至三百欧元，对于普通消费者，鹅肝仅限节日餐桌。

法国烹调师大部分都使用鸭肝，全国食鸭肝的人数比已超过百分之七十，超市一罐二百五十克鸭肝卖三十欧元，比起一公斤鹅肝三百欧元的价格具有明显优势。

鹅肝鸭肝近年还进了戴高乐机场免税店，据说旨在推广法国地区特产，让这个在本土久负盛名的美食国际化。仔细看过这些禽肝制品，包装都过于美丽，价格当然也华丽，与法国超市卖的明显不是一个包装等级，就是奔着礼品做的，里面内容怎样不详，包装华丽的食品，我很谨慎，好比葡萄酒，瓶子越简单，酒体越正。经验之谈。

二

波尔多市区那家"波尔多"老字号饭馆，光鹅肝鸭肝就十多种，眼花缭乱很难下手。服务生主推产自萨尔拉（Sarlat）家庭制作的两款，价格适中，鸭肝细腻滑润，轻盈香糯。

餐馆坐地"喜剧广场"，正对波尔多国家歌剧院，上百人就餐的露天座位上，不同肤色的人，晒着阳光，乐呵呵坐着吃着喝着，鸭肝盘子空了，红酒还在桌间闪亮。

我翻着书，"将鹅肝与激情并列，可见对鹅肝的崇拜。"

吉诺说，法国厨师很特别，不光菜式拿手还喜欢动笔写作，有的厨师的个人文集称得上卷帙浩繁，他们把烹调经验上升为哲学和艺术，坚信自己与莫奈、德彪西不相上下，与萨特、毕加索只在伯仲之间。

"了得，了得！"我笑出声，第一次听到这样定义厨师。

法国秉承并发展了古罗马葡萄种植技术，按照法式门径栽培、酿制，形成独树一帜的葡萄酒文化体系，并与鹅肝匹配，赋予美食另类滋味，沉淀出源自两个文明古国苍远古荒的饮食遗风。

鹅肝脂肪含量高，传统上，美食家建议搭配酸度高的葡萄酒来弱化鹅肝的肥腻，据说口感圆润、酒体饱满的勃艮第黑皮诺红酒（pinot noir）是首选。后来人们打破陈规戒律，也选用西班牙起泡酒卡瓦（Cava）和法国香槟，清爽中自带酵母气味，配鹅肝，相得益彰。

波尔多以东密集的农家作坊是法国一支强劲的鸭肝生产队伍。在Sarlat la Caneda 一带行驶，车窗外，刷着"出售自制鸭肝"的古宅石墙疾掠而过，"祖传鸭肝"的铁铸广告牌招摇矗立，昭示西南土特产风尚，构成一个有传承有光大的美食福地。

酒农自制鸭肝

广告牌"鸭肝之路"

　　我的葡萄酒老师何涅先生经营民宿，三幢老舍是 18 世纪的鸽子屋和马厩改装的，外立面是石头，里面全部橡木结构，配置了三百年前的柜子和桌椅，每一波租客到达之前，他会在桌上放一瓶他自己酒庄的干红和一罐自制的鸭肝，就这么个微小的赠送，使得他在 airbnb 民宿网站的点赞评论始终位居高位。有人或许不习惯食鸭肝，而对于欧洲人，鸭肝可是法国美食中的一道硬菜。

<h1 style="text-align:center">三</h1>

　　应鸭农 Fabry 之邀参观他的农场，紧邻多涅河，草坪上成群结队的乳鸭自由觅食，后院，十几只成年大鸭关在独立的笼子里，身肥体壮如鹅。

　　"鸭子长到三个月体重接近五公斤就要圈进笼子开始接受两周的灌食。"Fabry 说。

　　"我不喜欢工业填鸭，都是手喂。"他抓住一只鸭示范，将机械漏斗塞入鸭嘴，填入玉米粒，鸭子乖很配合。这样喂两周后，鸭嘴呈张开状，此时的鸭肝是正常的十倍大，鸭子进食、呼吸困难时就该宰杀取肝了。

　　这不是生生撑死吗？听得我头皮发麻。

　　"是的，填鸭过程比较残忍，因此鸭肝也被看作世界上最残酷的美食，法国议会有立法，确认鹅肝和鸭肝为'文化和美食遗产'，鼓励在本土加以传承保护。"

　　他说，为减轻鸭子痛苦，农业部严格规定鸭子稍感呼吸困难就实施全麻宰杀，其他牛羊猪鹅的屠宰也一样，严禁野蛮有痛宰杀。

　　Fabry 做得一手漂亮的鸭肝，是农贸集市的抢手货，大部分都是回头客的预订，单子多得都赶不完。

　　先去净鸭肝里面的血管，以保鸭肝的细腻度，加入盐花，他强调："必须是布列塔尼盐花，倒黑胡椒粒、苏岱酒搅拌均匀后，直接密封入罐，于沸水中煮六十分钟，即可置放地窖任时间锤炼。"

"和红酒一样，鸭肝也有成熟期，三到五年食用最佳，肉质细润，香浓可口。"他快速说着鸭肝制作程序，听着简单，做起来真耗时。

我下到他家地窖，左边满墙的实木架全部藏酒，右墙的架子，摆满鸭肝罐头，瓶身标好日期和产地，大中小三个尺寸的玻璃罐儿从大到小摞着放，堆起一座座小金字塔，相当浩荡。

货架上还有他自制的"油封鸭"罐头（confit de canard），原料是做鸭肝剩下的鸭翅和鸭腿，浸在加入辛料的鸭油里，香而不腻，开罐即食，尤其适合中国人的胃口。

眼前，这一罐罐包装有点简陋的罐头，与我小时吃过的简易肉罐头惊人的相似，20世纪70年代，老家的作坊食品加工场景款款而至，调味锅、盐渍器和碾豆取浆的石磨，曾经转出我童年怎样的悠悠厚味？

下农村走基层，我重新审视中西不同文化背景中乡村的意义，在食事、生态和民俗的比较和鉴别中，在东西方的共同和异同中，我找到物质和精神的共情，关于美食，关于生态，关于人间。

这，便是我在葡萄酒之路上最大的红利。

家庭作坊的食品安全有保障吗？法国农业部拥有全球最严格的食品安全标准，像露天集市这样的流动市场，商贩入住都需经过食品质检后持证进来交易。

我实践了几次鸭肝制作，按亚洲口味，添加了小米辣和花椒，十五个月后，开罐，佐干红，醇厚绵长。

老杉树酒庄（Domaine du Vieux sapin）酿酒师 Frédéric 很前卫：
美食、美酒没有约定俗成的配方，好比恋爱，自己觉得好就好。

这说法，中意。

有酒盈樽

悬崖古镇（Saint-Cirq-Lapopie），名字有点绕口。

碎石窄巷，起伏蜿蜒，街角的石墙，悬出一只铁器量酒杯，暗紫红，朴拙粗粝，酒风流荡。

这是洛特省（Lot）河谷地区酒馆的酒幌，不具"水村山郭酒旗风"的气度，却彰显"醉里乾坤大，壶中日月长"之乡俗。中世纪村落充溢世俗美学，简单易懂。

中国白酒谱写了斗酒、吟诗、作画的酒神佳话，并衍生青花、祭红酒器用以盛酒、饮酒和储酒，而量酒器在酒事中似乎并不普及。小时我在农村杂货铺见过那种木质酒提，底部是个方形小木碗，往上延伸出一尺多长的木柄，有打酒的，掌柜持酒提伸至酒缸扛给顾客，这木提算是中国的量酒家伙什儿。

法国量酒器，在法兰西葡萄酒之路上，引领酒事，激扬酒情，没它，酒事便缺乏张力，五花八门的酒器能攒本书，最通俗的是圆肚和喇叭花形状的陶制杯，以稚拙和纤长的体态传递怀旧古风。

那年在蒙马特高地吃意餐，要了一量杯红酒，一量杯即 un pichet，合500毫升，两人份。在外用餐我很少点瓶装酒，只叫散酒，散酒是餐馆的特色——"老板酒（vin du patron）"，市场无售。

女侍者系着花布围裙扭着腰肢走来，手持墨绿色珐琅量杯，我看她斟酒，圆肚杯身凹凸起一串缠枝的葡萄，很立体，杯座窄，上口紧收带嘴，侧有柄。

葡园

顾不上尝酒直接问服务员量杯卖吗?

她说这是餐馆的统一购置,不卖。

举起杯子,看杯底上刻着"Revol France",法国瓷器大牌。当晚,网购了250毫升、500毫升、750毫升的三个系列,凸起的葡萄图案我寻了很久,固执地坚持葡萄酒酒具一定要有葡萄纹饰。逢节庆和贵宾驾到,我会取 Revol 量杯倒酒,这家伙什儿真的提气,酒的品质似乎都变了。

餐馆的散装"老板酒"绝不比瓶装差,为打造餐馆特色,老板亲临各地酒庄按自己口味择酒,然后把窖藏橡木桶或未贴标的大瓶酒直接运回来,上酒时,侍酒师把酒接入量酒杯端给顾客。散酒大多是 AOC 级别,酒庄特酿,不是市场买得到的大路货,因区别"市场酒"深得食客追捧。

量杯,写作"pichet",250毫升的 pichet 为一人份,两个人或一家人可点500或750毫升。我喜欢散酒,当同时想喝三种酒时,点三大瓶喝不完扔掉太浪费,点 pichet 装的散酒正合适,三款酒,三量杯的250毫升,

我的收藏

品种丰富，还能一次喝光。

　　在香槟、波尔多和博若莱葡萄产区用餐，不必一根筋迷信瓶装的香贝丹或拉菲（Chambertin, Lafite），尝试点散酒，这些产区小酒庄的产品好到尖叫，好多都是风土酒（vin de terroir）。餐馆老板与酒庄长期合作以维系餐馆酒水特色，散酒进价比瓶装划算，省了灌瓶、贴标等费用。

　　走过诸多酒庄后我肯定地发现，"老板酒"是欧洲量酒杯广泛盛行的最权威的根由。

　　法国各地各有各的量杯，在里昂，餐馆统一用的是瓶底超厚的透明玻璃酒器，干红、干白、粉红酒在澄净玻璃瓶中玩味霞染清樽倒映红。在里昂周边酒庄用餐，桌上一定会有只玻璃 pichet，石屋木梁下，诗情苍老，暗香盈袖。

　　法国到处皆酒人，以酒为乐事，言必酒，行必喝，团团围坐，觥筹交错，划拳呐喊酩酊大醉的酒鬼绝非主流。这让我想到为什么中国古代将酒人分为三六九等，上等为"雅、清"，视饮酒为雅事，饮而神志清明；中等为"俗、浊"，沉迷酒入俗流，气质平泛庸浊；下等是"恶、污"，酗酒无德，坏事败兴。

喝了不少酒，写了不少酒事，倾注了时间和感情，但我等非酒鬼，饮酒端正，酒后志明心朗。

巴黎南郊塞弗尔博物馆（musée de Sèvres），两只 18 世纪洛可可餐盘竟让我短暂生出盗窃邪念。盘面上，食客用餐，客栈夫妇静候斟酒，地上随意散乱着陶土量杯，老板娘手上那只量酒杯先声夺人地成了点睛之笔，清晰地表明两百多年前量器已在法国民间大行其道，质感而不低俗，高雅却不抽象，将酒事融进陶土，不愧是塞弗尔国宝级瓷器的大手笔。

塞弗尔餐具主打皇室、总统府及各大使馆的消费群体，其量酒杯始终以"长老"身份占据餐具的重要席位，在传统和新锐的饮食文化中，张扬葡萄酒的万种风情。

西南利默伊村（Limeuil）有家珐琅量酒杯作坊，设计师是当地的老艺人，走蓝底描花草的田园风格，素气，怀旧，主供餐馆兼零售。我在这家专卖店买过几只，每款都是唯一，花色和图案因烘焙时间和手艺人的手感不同而各异，手工痕迹明显，一打眼就不是那种批量产出的千人一面的磨具酒器。我用它量酒，也插花插筷子，古朴素净，做手信更好，正经的手工艺品，精美灵动。

家里有只阿尔萨斯量杯，粗陶，淡蓝杯身烧制凹凸的葡萄和枝叶，杯底上的作坊名"Burger"和城市名"Betschdorf"均手刻。贝茨多夫（Betschdorf）是法国瓷器名城，以杯面起伏的手工纹脉，打造阿尔萨斯特有的粗犷质感。

在友人家还见过瑞士量杯，杯身呈波尔多红，上面几笔野草，自由而热烈，罕见的酒红系杯我头次见，友说"是瑞士老太爷的遗产"。之后，狂寻，终不得。我的量杯收藏，酒红系一直缺席。

　　法国的意大利餐馆还广泛使用一款特别量杯，透明玻璃，呈大酒康帝（CHIANTI）酒瓶状，底部硕大浑圆如肥臀，继而逐渐苗条上去，无嘴无柄，摆布着"康帝"三百年的古典气宇。

　　康帝产区在意大利托斯卡纳（Toscana），读起来甩着歌剧腔的美丽酒乡，连空气都蒸发着太阳的味道，这里盛产大酒，也出过但丁、米开朗琪罗和普契尼。

　　在量酒杯形态和色彩间穿梭往来，酒醇洌，器精湛，踏风尚，诵《将进酒》，唱一曲"人生得意须尽欢，莫使金樽空对月"。

Saint-Cirq-Lapopie
村的量杯酒幌

空中酒窖

　　长途旅行是体力活，难以想象竟坐过长达二十几个小时由迪拜中转到非洲的航班，人多说笑唠嗑，时间并不难熬，加上好几顿的飞机餐食，有吃有喝，减缓了旅途劳顿的压力。

　　我持有法航蓝天会员卡，选乘法航的唯一理由是冲着酒水，其所有国际航班均提供啤酒、威士忌、香槟和葡萄酒。

　　飞机上提供葡萄酒，法航是鼻祖，1933年始创时头等舱就有酒，随后发展到向所有舱位乘客赠送酒水，乘客未抵法国就能提前体验葡萄酒的魅惑。

　　法航机组"热情好客"肯定不是最好，飞机餐却值得称道，坐经济舱也能喝到香槟和红、白葡萄酒，那种180毫升的小瓶装，瓶虽小，葡萄品种、产地、装瓶日期等信息俱全，方寸酒标上勾勒出葡园环绕的老酒庄，让人有种身未动、心已远的幻想，即便不喝酒、不懂酒，面对神秘酒堡也会想入非非。这也契合了法航初创宗旨：弘扬葡萄酒文化，肩负法国美酒、美食和生活艺术的民间使者。

　　前些年，经济舱180毫升的酒都是玻璃瓶装，精巧可爱具有收藏价值，现在全部换成塑料瓶，据说为降低成本、减轻重量，视觉和手感逊色不少，已无收藏意义。

　　飞机上酒水不设限，你可以要一瓶、两瓶，或红酒、白酒、香槟各要一瓶也不被拒。没有正式的玻璃酒杯，用的是一次性塑料杯，透着葡萄酒的随意特质。

头等舱和公务舱酒品的档次高些，是列级酒庄的大瓶赤霞珠干红和霞多丽干白，香槟一直以一线大牌 Moët&Chandon 和 Joseph Perrier 两款为主打，酒具是法航特制的专用玻璃酒杯，曲线碗状，以便酒香四溢，可使乘客获得规范的饮酒体验。

空中酒窖的酒水均由世界一级侍酒师亲赴各个酒庄品鉴、甄选、拍板。为避免单调，法航每两个月更新酒单，并采用招标引入新酒，给每个酒庄参与竞标的机会。

克鲁佐酒庄的干红（Château de Cruzeau），传承佩萨克·雷奥良产区经典，经严格筛选，过五关斩六将成功入选 2019 法航头等舱酒单。20 世

航拍装载橡木桶的运酒船只

纪70年代，这间盛名酒庄的掌门人安德烈·卢顿，在一场大西洋风暴袭击波尔多后买下庄园，他由倒下的镶有砾石的葡萄树根准确断定了这块地盘葡萄种植的优势和发展前景。于是，耕地、翻新、改造，酒庄重整旗鼓，渐入辉煌。

法航班机聘用了一批空少，Clément，一张希腊雕塑的脸，一头鬓角刮得锃亮的板寸，时尚又炫酷。问他如此殷勤周到是不是刚入行新鲜感尚未褪去？

他说天性使然。

Clément"违规"带我看飞机"酒窖"，紧凑的空间中，拥挤着大大小小的酒瓶，直立或歪在冰桶，皆严格遵守酒品储藏规范，保证每瓶醇厚。

他说，飞机上经营酒窖不容易，地方小，缺乏新鲜空气，不适合长期储存，所有酒水在起飞前才搬上来，确保不变质，好在飞行时间不长。

他大谈葡萄酒在空中与地上的区别。"万米高空，一款果香浓郁、酒体复杂的葡萄酒会有更宜人的口感，有些风味在陆地上可能会比较生涩，但在客机干燥的空气下反而会得到非常完美的演绎。"

他列数肩负空中法式美食使命的厨师们的大名，他们是Joël Robuchon、Guy Martin、Michel Roth、Thibaut Ruggeri和Régis Marcon。

这些名字我不熟悉，他说："都是法国厨师大家。"

"Régis Marcon，米其林三星大厨，他用应季食材烹制的勒皮绿扁豆、黑色羊肚菌搭鹅肝、鸭胸，糅合创意，滋味拔群。"

Clément，一个热爱本职工作的空哥，殷勤不谄媚，深谙美酒美食。

法航还重金邀请意籍世界一级侍酒师Paolo Basso，与《法国葡萄酒指南》的作者联手，共同打造法航国际航线空中酒窖，让世界不同肤色的旅客，在十几小时的旅途中，轻松愉悦收获法国葡萄酒的粗疏图像。

侍酒师文化在西方拥有千年文化土壤，侍酒师写作sommelier，是个国际化的法语词汇，全世界通用。侍酒师很吃香，被奉为"黄金职业"，能拿下"全球最佳侍酒师"桂冠也算是抵达职业巅峰，这辈子都会被业界争

老式葡萄榨汁机

抢，从不担心失业。

高级侍酒师要具备专业酒水知识，深谙葡萄酒配菜和葡萄酒品评基础，通晓酒品采购及酒窖管理。这是对美学修养和时尚感知力有严苛要求的职业。

Clément 介绍，法航每年为乘客提供约 150 万大瓶葡萄酒和 80 万瓶香槟，是世界唯一在国际航班上免费为所有乘客提供优质酒水的航空公司。

去年 9 月，友人被困戴高乐机场，飞机起飞晚点，在跑道上等了近两个小时，空乘随即为旅客递上香槟。

"别说这香槟还真有镇定作用，焦躁的人们一下安静下来。"

香槟酒，寓意胜利和幸福，是法国"香槟外交"的杀手锏，商业、农业、政坛、体育和文艺，都融入了气泡酒的清爽和时尚。

进巴黎路易·威登店，服务生端来的香槟别推辞，Moët&Chandon，顶级香槟，路易·威登自己的酒庄酿制，极品。

中国南航是国内唯一在头等舱提供葡萄酒的航空公司，高脚杯很高，倒进的酒很浅，不是随便喝的那种，酒的品质没的说，很深厚的国产酒，忘记看哪个酒庄，酒瓶一直把在空姐手上。

张裕葡萄酒已登上阿联酋航空公司的头等舱，想着贺兰山酒何时也能上天飘香四海？

野鸡？腌齑？

"腌齑"，江苏的农家腌菜，吴方言读作"野鸡"。

《人民作家》执行主编陈劲松女士私信我："10 号来北京，快说想从大丰带点啥？"

未加思考："咸鱼和'野鸡'。"

我着重强调，"野鸡"就是油菜盐渍入缸压上数月的那种咸菜。

她说："我懂，我父母是讲吴语的崇明人。"

早年穷困，老百姓做腌菜，易保存又下饭，现在生活富余，做这菜的越来越少。陈主编说找找看。

两天后竟找到了。

"骆总说你们女人之间的友情真有趣。"

"骆总也知道了？"

"对呀，我让他开车带我去找的。"

骆圣宏，《人民作家》总编辑，大总编带执行主编在一月最冷的一天为我找腌齑。

她说，快递员乐坏了，这个也要寄？

是的，当地普通到上不了台面的咸菜要北上帝都！

早年在江苏过年，杀猪宰羊一桌子硬菜，我没兴趣，点名要吃腌齑，主人气坏了："折腾好几天的春节大餐白瞎了。"

我专爱吃七里八怪的东西，肉要带骨头的，吃鸡只吃爪子、鸡头，吃虾连皮带头全吞，买鸡蛋捡最小，买菜尽小颗拿，挑胡萝卜专找带泥的。

我妈说我丫鬟命，什么不值钱吃什么。

3岁滑野冰，4岁横渡长江，5岁随父下地种菜浇水拉秧，6岁烹调，7岁在农家灶台烧火拉风箱，8岁下地刨花生，不上课不写作业就是和风细雨，天下太平。

我对美食的记忆力超强，随便哪儿荡，当地吃的喝的连名字带做法能过目不忘。苏北的腌菜、咸鱼、矮菠菜，炖鲫鱼和萝卜馅儿素包子，吃过一次记到现在。

去年春节我做包子，问友人油梭子炸到什么地步即可？

她问炸这玩意儿干吗？

"包萝卜馅儿包子，早年苏北的萝卜素包子放的就是油梭子。"

她先生听到，说，那时穷吃不起肉，你直接放肉多好，整那油梭子干啥？谁现在还吃这破东西？

我心说，放肉我还真就一口不吃了，苏北素包子香就香在油梭子。

在京郊民宿吃农家饭，萝卜馅儿的玉米面贴饼子必点，掌柜的问放肉还是不放？

"不放！"

"别说，你真会吃，不放肉的素馅儿贴饼子才是正宗的农家饭。"

做腌菜一定要江苏小油菜，菜过水后挂竹竿阴凉风干，切碎入缸，用木棒压实，泥巴封住缸口，闷上很久不霉变，有类似葡萄酒在橡木桶发酵的过程。

三两个月取出，腌菜干香弥散，过油时加几颗干辣椒一扒拉出锅，腌菜就白饭，苏北民间最通俗的吃法，很土，很下饭。

我用陈主编寄来的腌菜炒了毛豆，一碗米饭，两杯干红，此种中西混搭也是空前绝后，前卫到窒息。食品搭配本无固定套路，怎么好吃怎么来。

偶尔会买芥菜疙瘩和鬼子姜，过重的咸味要过好几次水，却过掉了蔬菜原味，腌齑的口感带着苏北地域的朴质和润秀，不是北京咸菜的愣咸。

我喜欢研究风土和风水，一方风土一方产物，北方坚硬寒冷的土地出产的一尺多长的大菠菜，永远不会有江苏三寸矮菠菜的甘鲜，江苏湿润的风土也长不出北方红彤彤的大盘柿，风土宜物，即此。

在后海酒吧，看到院落一挂拉秧的豆角枯干地撑在阳光下，这让我想到苏北平原散落田野的小油菜和矮菠菜，即便冬天，它们也会黑油油、慵懒地匍匐在地，春暖花开时，随即化为一片葱翠。

咸菜，仅亚洲人吃，日韩咸菜种类也是不拘一格，京都的传统咸菜是酸茎渍，一种长得像萝卜的野菜，盐浸后置大桶发酵，桶上压木桩，两头绑重石，与腌齑制作相似。

韩国咸菜以各种辛辣小菜为主，那年在济州岛，我看到当地老头儿，桌上十几碟咸菜，就米饭，喝烧酒，甚逍遥。

由此，一杯红酒，一碟腌齑炒毛豆，同样很飒。

欧洲完全没有咸菜，前些年北京——巴黎航班准备过小包榨菜，备受中国乘客欢迎，也见有老外好奇拆开榨菜，尝一口皱眉说太咸。欧洲人喜欢中餐的不少，但尚无人接受榨菜。

榨菜仅仅是咸吗？不是中国人，不从小吃，永远吃不出榨菜的文化，品不出榨菜的清雅。

腌齑，榨菜，那是我们的童年印象。

第二章

酒路人物

庶民·名仕

我的童年是场"空城计"

我的童年曾是：横渡长江，滑野冰，打麻雀，挖野菜，唱大戏。

两三岁，我就守着收音机听各种花旦老生，实木外壳的长方形大匣子，正面几个旋钮，音箱绷着考究的大马士革布，高档、气派。六岁前，一直坚信我爸给出"唱戏的李铁梅、杨子荣都在收音机后面"的答案，就像小孩笃信礼物是圣诞老人顺烟囱爬进屋送的。我妈说我从来坐不住，只有听收音机能数小时安静不闹腾。

我的童年是场"空城计"，因为我有个追崇马派、唱过整场"空城计"、演绎"我正在城楼观山景"不输于魁智的父亲。本着"女承父业"的期待，我爸"强加"我京戏，在全国大唱样板戏的潮流中，观老旦青衣水袖长，仿字正腔圆韵悠扬。

我的童年是每晚与父习戏，他一板一眼地辅导，我有板有眼地学，托气断音、喊嗓练声，高难板式重复唱二十遍，会挨骂，会哭鼻子，也会被表扬。

我妈极不情愿我学京剧，说不务正业，唱念做打锣鼓齐鸣实在吵死人。她是"海派"，唱俄语版"喀秋莎"，听扯嗓子喊的西洋歌剧。我永远不能接受花腔女高音，听得胆战心惊，唯恐她们拔不上去喊破声带。

我爸一准儿的国粹京剧捍卫者，与我妈势不两立水火难容。我爸志在培养我到文工团唱京剧，我心中的小算盘则是参军当文艺兵，身披戎甲，上山下乡，唱遍祖国江河原野。

我妈说，多没出息，去唱戏，做个戏子。

我爸反驳，怎么叫戏子？那是京剧演唱家、文艺工作者。

四到十三岁，我没正经上学，除随父学戏，就是满"世界"地演出，那年代，"世界"就是周边的农村，曾经为带样板戏下乡为农民唱戏感到无比自豪，仅此类奖状收获一打有余，学习奖状是零。

下乡演出寄宿农家，吃柴火烧的大锅饭菜，抢着帮大婶儿添柴拉风箱，灶膛玉米秸噼啪作响热烈燃烧，激发了我对"火"的莫名崇拜，坚定了围转灶台玩烹饪的决心，并使其成为此生乐此不疲的嗜好。七八岁，已黏上厨房，熟练运用煤球炉承揽一家四口餐食，被左邻右舍当成教育孩子的"楷模"并落得"勤快女"美名。长大才知"勤快女"等于"劳碌命"。

我的童年锣鼓喧天、样板戏嘹亮，唯有"空城计"的西皮摇板深刻于心，那是父亲的拿手好戏。他把并不属于女子的老旦唱段传给一个七八岁的女孩，使她将湖广音韵的西皮二六拿捏到位，也算是父亲培养女儿历程中的最大荣光。

我跟父亲练唱，母亲嫌吵躲出门，父亲双目微闭单手给我打拍子，唱到出神入化，他会像在戏园听戏那样大声叫"好！"

这一声声坚定豪迈的"好"，唤回了不胜其烦的我妈，从最初极度反感到后来睁大双眼无比歆羡听七岁女孩一本正经地演绎传统京剧。能把"闹腾"的京戏唱得大气高古、有张有弛，唱得我妈对我刮目相看不再厌恶，是我童年的莫大荣耀。

社会变革，样板戏逐渐降温，我妈就此顺水推舟，冠冕堂皇摆出不让我成为"戏子"的各种理由执意让我高考。英语老师对我语言能力的"赞赏"也促使我爸逐渐放弃让我进文工团唱戏的初衷，并决定给我开小灶亲自教我俄语备战高考。

于是，有了后来从高中进入快马加鞭追回过去浪费于唱大戏的时间而顽强苦读的苦难时光……无忧无虑、放飞京腔京韵的欢乐童年，戛然而止。

爸妈强加他们的意志，代我填报了我并不喜欢且从来都喜欢不起来的外语专业，至此完全改变了我的人生轨迹，彻底颠覆了"文艺兵"的童年梦想。

往事不堪回首。往事并不如烟。一切就这样写就。

C'est la vie !

我被逼成就了母系郑氏家族的期待，外婆寄钱，大姨送表，小舅寄半导体收音机，大舅自宁夏亲赴学校探班，带来我人生第一盒丹麦曲奇。这一切，只因没进文工团当"戏子"，只因读了他们认为"万般皆下品，唯有读书高"的大学。

一个孩子的小算盘就这样被一个家族掀翻。

我的童年堪称一场盛大的"空城计"！这场"空城计"中"我正在城楼观山景"，是我心中永恒的华彩乐章，因为，那是我生命中最早的节拍。

电脑、手机的歌单，有希腊雅尼，有斯美塔那"我的祖国"第二乐章"伏尔塔瓦河"，有周华健、姜育恒、周杰伦和《走出非洲》主旋律，京剧"空城计"也从未缺席！

"空城计"还设置成了手机铃声，电话响铃总会招致或惊讶或厌恶的目光，只有我懂得这铃声，它是我童年、少年的徽记，记载着父亲培育的耐心、艰辛。曾经，各色老师走马灯穿梭讲台，无一影响我，唯能撼动我人生观、价值观的是父亲。

我对他说："你是富矿，取之不尽用之不竭。"

几年前的春节饭桌，我请父亲重唱"空城计"，他说："年纪大，声带松了，还是不唱了。"

而，一旦他站立开唱，字正腔圆，劲健婉转，眉目传神，瞬间把我们拉回父女对唱的童年，像在戏园瞧戏，这次是我对他叫"好！"

　　一出老戏，一段唱腔，一位京剧名票多年后的再次演绎。团聚的节日，在"空城计"中，深长温厚，余味绕梁。

　　前年，彦彦阿姨请我在梅兰芳大剧院看戏，看的是京剧"梁山伯与祝英台"，满脑子回旋的却是与父亲唱大戏的童年。戏园听戏，拉扯神经，总能想到"拉大锯，扯大锯，姥姥门口唱大戏"的儿童说唱。

　　北京，街角，一年四季成群结队的京剧票友，有男女，有老少。皇城根儿下，荒腔走板，京胡铿锵，我必驻足，或听，或加入演唱。不曾相识，也不曾热络，熟悉的唱段让我们如此靠近，彼此温暖。

　　那年，大雪夜，我和友人到正乙祠戏楼喝茶听戏，《智取威虎山》，杨子荣"穿林海，跨雪原，气冲霄汉"一句出口，观众掌声如潮，拍案叫好。这是久违的二黄导板，穿越时空，跨越时代，依然燃烧激情，赚取感动。

　　心灵回归，本质上是文化的回归，无论学得再多走得再远，盛满童年记忆的京剧，西皮二黄的声腔板式，念唱做打的四功，最文艺。

　　好一个"空城计"的童年，让我此生如此丰厚。

　　致敬童年。

　　敬礼！那场轰轰烈烈的"空城计"！

感谢雨果

有人问我为什么不写雨果。

此人太大，无从下手。

今日，此刻，写雨果的火候到了。

2019 年 4 月 15 日，全世界社交网站同时被一句话快讯刷屏：巴黎圣母院起火。

消息迅速发酵，流出的照片上显示，成千上万的民众呆立塞纳河对岸，无助地目睹耸立云天的哥特教堂尖顶在熊熊大火中轰然倒塌，这张动图，看客形容："好似自己被人一棒重击，剧痛窒息。"马克龙将火灾形容为"我们的祖国在燃烧"。

巴黎圣母院，从西岱岛拔地而立，见证八世纪风云，数次遭遇大火，却都幸免于难未伤筋骨。逃过大革命，躲过一战，战胜纳粹，它与凯旋门门洞之落日，成为遒劲法兰西的徽征。

圣母院的尖顶仿若航标，在各种天气的任何角度下都非常上镜，当阳光洒下，以青空、云团为背景的大教堂像撒落人间的光明杰作，布满灵性的光辉，这，应该来自塞纳河的陪衬和雨果文学光芒的照耀。

我去过塞纳河畔的"银塔餐厅"，初衷是冲着它 50 万瓶的葡萄酒窖藏，坐在这里，意外发现对面的圣母教堂全貌尽收眼底。要份"李子炖鹅"，外加一盘"黎赛留牛肉"，在这间古老的中世纪餐厅混一个下午，不慌不忙，进入雨果笔下充满帝京王气的中世纪。

读过《巴黎圣母院》原著，看过电影，美丽与丑陋，邪恶与善良，教会的虚伪和人性的扭曲，我心目中的圣母院神秘而鬼魅。这里何止是拿破仑加冕、百姓做礼拜、承办婚礼和葬礼的场所，它更是集哥特建筑精髓于一身的老巴黎陈迹，回廊和门窗上的雕刻及绘画，凝集着法兰西民族的智慧和审美走向。

　　几次经过石砖铺砌的圣母院教堂广场，几百年风雨的冲刷，地面的方石，或磨得浑圆，或被踢得残缺，暴露岁月流转的痕迹。行走其间，能丈量历史的长度和厚度，世纪红尘如电影胶片递次展开：充满野性美丽的吉

塞纳河的春天

卜赛女郎，缕缕行行的广场乞丐，阴险的黑衣神父，善良的敲钟人，表似祥和的中古画面隐藏无数的险恶和杀机。

很少有作家的文学作品与一座建筑同名，雨果以浪漫主义的想象力，让华丽的殿堂上演一场扭曲、惨烈的中世纪爱情。电影《巴黎圣母院》有雨果的贡献，也有李梓、邱岳峰、胡庆汉这些配音演员的功劳，他们的声音甚至超越原作的精彩，在高贵优雅、卑微怯懦和冷酷无情之间自由穿梭，使得这部由文学作品改编的影片成为永恒。

三年前，我去了雨果故居，在沃日广场。故居隆重推介的是《悲惨世界》，不是《巴黎圣母院》。主廊墙上挂了一幅铅笔画，冉·阿让初遇井边取水的珂赛特，瘦小的女孩提着水桶，抬头看向正伸手帮她提桶的冉·阿让，一老一小对视的目光折射出人性的光芒。

我在这幅画前盯了好久，朴素的黑白画面，以崇高的人道主义感化力量，歌颂人性纯真，拉开被压迫者挣扎的悲怆。

雨果故居：
冉·阿让初遇
小珂赛特

欧洲不乏个性的教堂，科隆大教堂的挺拔，巴塞罗那"圣家"教堂的华丽，都是前无古人后无来者的建筑杰作，巴黎圣母院绝非世界之最，却没有哪座教堂的知名度能与之抗衡，这不能不说是雨果翰墨的功绩。

音乐剧《巴黎圣母院》那年在京巡演，我抢到了票，里面有段吉他拨弦演唱《大教堂时代》(Le Temps des Cathédrales)：

> 故事发生在美丽的巴黎
>
> 时值一四八二年
>
> 世界进入大教堂时代
>
> 人类在彩色玻璃和石块上面
>
> 镂刻下自己的伟业
>
> 一砖一石，日复一日
>
> 爱从未消逝
>
> 诗人和游吟歌手唱着爱曲情歌
>
> 许诺给所有人
>
> 一个更好的明天

大教堂时代是巴黎的"盛世唐朝"，没见过巴黎圣母院，将遗憾地与原装教堂无缘，复原后再逼真也无法再现历经八世纪年光凝敛而成的哥特古风，就好比，911恐袭中化为灰烬的世贸中心双子楼，没见过，意味着永远不可能再见。历史，是时间的积累和沉淀，无法复制，更不会重现。

几百年来，大教堂钟声悠扬，提示并规范巴黎人的日常生活节奏。如今钟楼倒塌，钟声不再，城民会不会乱了方阵？

好在，雨果为后人留下完整的《巴黎圣母院》，教堂烧伤，而教堂里的故事，还在流传。

感谢雨果。

打游戏、坐轻轨

2004 年秋，希拉克访华在旋风式参观中宣告结束，记者赶在总统专机起飞前快速拉出 600 字特写，打破政治新闻"他说""他指出"的传统体例，通俗写实报道外国领导人。

打游戏、坐轻轨——希拉克在上海体验高科技

没有会见、没有演讲，12 日上午，法国总统希拉克度过了访问中相对轻松的半天。

上午 9 点半，希拉克一行来到上海育碧电脑软件有限公司，这家由法国育碧娱乐公司 1996 年在上海设立的独资企业，主要从事游戏类软件的制作发行。它是首家在中国从事创意、开发到制作全部流程的国际顶尖游戏公司，也是唯一一家。

上海育碧即将推出一款单机游戏《分裂细胞之明日潘多拉》，游戏主角为完成重重任务，在奔驰的火车和呼啸的飞机上与对手厮杀。年过七旬的希拉克欣然拿起操纵板，试验这款新游戏，只见他瞪大眼睛，斜挑眉毛，表情认真而紧张，虽然水准不高，身边的摄影记者争相按动快门。

离开软件公司，希拉克来到上海轨道交通三号线漕溪路站，从这里乘坐轻轨列车前往延安西路。由法国阿尔斯通设计制造的轻轨车厢宽敞明亮，列车在上海高楼大厦中蜿蜒行进，希拉克手握扶杆，不时与陪同人员和记

者交流乘车感受和窗外景色。

　　轨道交通在上海市民的出行方式中日趋重要。最新统计显示，上海四条轨道交通线路日均承担客运量 120 万乘次，约占上海公交客运总量的 11%。到 2010 年，上海轨道交通线路总长将从目前的 65 公里增加到 510 公里。

　　法国总统的轻轨之旅在经过三个车站、历时七分钟后宣告结束。在这段短暂旅程的终点延安西路车站，上海地铁运营公司与法国阿尔斯通正式签署上海地铁一号线车辆续购项目意向书。

　　离开轻轨，法国总统车队立即奔赴上海虹桥机场，希拉克第四次上海之行由此画上圆满句号。

你好，希拉克！

—— 写在中法建交五十周年

聆听东西方对话、频繁进入人类视野，中法五十年外交旅程是一面旗帜。

这面旗帜来得悠远，来自毛泽东、戴高乐的呼喊，来自两国几代领导人含辛茹苦的耕耘，更有希拉克始终如一的坚守和担当。

希拉克，中国人最熟悉的法国前总统，成就了中法五十年外交里程的黄金十年。一路有你，两国人民从远隔重洋大山的遥望和想象，实现了跨越时空的亲历，从彼此国土深处呼唤出的文明，让人们真切感知文化融合带来的提携和思索，系列文化经贸往来，让长城和诺曼底不再遥远。

曾经让我们流泪的巴黎圣母院敲钟人，普鲁斯特笔下的童年小镇贡布雷，阿尔萨斯绵延起伏的葡萄酒之路，拉雪兹墓地巴黎公社勇士用鲜血浸铸的石墙，米勒画布上巴比松农田的拾穗者，从此，都不再陌生……

希拉克率先明确表示："世界前途很大程度取决于中国"，他频繁访华，力推"以政促经"的外交政策，以亲历中国的事实，让法国人放弃偏见，《解放报》撰文《感谢总统》，称中法交流有利人类生存开拓，法国经济增长离不开中国。

希拉克说："我热爱中国，对中国人民怀有崇高敬意。"

他倡议的中法文化年，聚合起两个国家最精彩的文明，开创中欧崭新文化交流模式：电子乐人雅尔驾摩托车驰骋午门致敬紫禁城，用数码电声演绎前卫艺术风尚；姊妹城平遥和普罗旺的千年城墙延伸东西方文明的共同脉络；埃菲尔铁塔身披中国红亮相塞纳河畔向中国春节致意。

作为戴高乐的政治传人，希拉克以形体和人格魅力，被国民选为"最受拥戴的总统"，法国前参议院议长蓬斯莱在北京接受采访时评价希拉克"把音容笑貌传递到每个角落，民众感觉总统就在身边"。

身为银行家的儿子，希拉克曾请缨担任农业部长，竭力推进欧盟农业优惠政策。他每年光顾巴黎农业沙龙，被农民兄弟亲切喊着"雅克"，他逐摊巡视，尝诺曼底奶酪，品勃艮第红酒，拍打马牛屁股鉴定它们是否健壮。

派头在何处？在动作，在眉宇，在用词，在对一切人的尊重。他植根田畴、体恤农者的朴素情怀在法国广为传颂，两届总统竞选的胜出很大程度来自农民兄弟的支持。

这位中国的老朋友与我国老一代领导人江泽民同志友情深厚，两人走访过彼此的家乡——江苏扬州和法国的科雷兹（La Corrèze）。他们年龄相仿，都喜欢李白和杜甫的诗，希拉克能背诵"朝辞白帝彩云间"，准确判断青铜器年代，在西安为其随访团队亲自讲解兵马俑。

如今，八十二岁的希拉克隐居塞纳河左岸正对卢浮宫的一座公寓，《世界报》称，希拉克卸任预示一个时代的结束。

作为全程报道过中法文化年的记者，我记忆中始终有一幅深刻的画面：上海同济大学希拉克总统的激情演讲，承接文化年落幕的八达岭长城，城垣上飘扬的五星红旗和法国三色旗，黑头发、黄头发的宏大聚集，改变着两国人民的笑容和步态，让生命相与而欢。

《从香榭丽舍到万里长城》，是希拉克推动的文化年落幕盛典的主题，也是我收官报道的标题，更是两种悠久文明走出历史深巷的碰撞和接纳。

中法半个世纪的外交里程，使得中法人民能够跨疆越界在彼此国土作一次壮阔的巡游，不同文化群落在脚步间交融，历史怨恨在互访间和解，

法国驻华大使顾山、人民网副总裁罗华

我们的路口出现陌生的笑脸，我们的双眼在书斋玄思对应古堡断碑中，获得地理和历史的实证。

健康的外交好比引擎，引领人们体悟多元包容，在自由的空间行进。中法关系向世人证实，东西方可以和谐相处，使四海犹如一家。

今天，北京、巴黎，再一次聚合、传扬，值中法建交五十年庆典的伟大时刻，北京对你说：

你好，希拉克！

此稿为 2014 年 1 月中法建交五十周年特制，获法国驻华使馆和人民网联合举办的"中法建交 50 周年征文"一等奖。

别了，希拉克

世间离别总是猝不及防。

一位外专，一位波尔多葡萄酒老师，分别在第一时间通知我希拉克离世。前后相隔七秒。

法兰西共和国前总统希拉克平静走完八十六年人生，永远告别奋斗一生的政坛。

法媒用了"政坛一匹狼"来形容希拉克。

2014 年，我执笔"你好，希拉克！"致敬中法建交五十周年，在法国驻华使馆媒体中心的颁奖台上，顾山大使希望这篇获奖稿能译成法语，"我回国休假时中法版本一起带给希拉克，他会欣慰中国以这样的标题撰文纪念中法五十年。"

五年后，今天，在这告别的时刻，打开电脑，"别了，希拉克"的标题下，储存十五年之久的希拉克"上海之旅"记忆，奔涌而来。

同济大学，阶梯教室，希拉克激情宣讲中法文化年，向中国学子传递文化共享及博爱互信的理念。

他的演讲用《论语》压轴，"闻君一席话，胜读十年书"，一言既出，掌声沸腾。

学生代表走上台拉开一幅水墨画，华夏山水点缀中国瓷瓶，睿智的希拉克随口猜出："瓶中盛着了不起的白酒，它激发了无数中国优秀诗人的创作灵感。"

上海巴斯德研究所揭幕式，中科院副院长陈竺法语致辞，"愿中法友谊像长江和塞纳河长流不息"，一语落定，希拉克健步上前与陈竺握手相拥，东西方两种文明在两双紧握的大手和充满笑意的眼神中交汇，开通而高迈。

年逾七旬，童心未泯，一国总统现身游戏软件公司打游戏，乘坐轻轨赏车窗外拔地而立的摩天大楼，感慨魔都"时刻向前"。

希拉克，中法交流的领跑者，他倡议的中法文化年根植山水大地、融进风土人情，深致而悠远。云山苍苍，江水泱泱，先生之风，山高水长。

那年，在希拉克故乡科雷兹，在牛羊散漫、茂树绿草的希拉克城堡，国民卫队兵为我讲述中法元首伉俪"庄园外交"的高光时刻，于私家府邸探索中法新突破的佳话还在传颂。

马克龙在希拉克辞世当晚的电视讲话中称："他深爱他的国民，拥抱

希拉克老家科雷兹

他们，向他们致意，与他们交谈，向他们微笑……""他是法国某种理念的化身，并代表世界的某种思维。"他描述："希拉克的目光和面部轮廓体现法兰西人民的爱。"

今夜，记忆太满，千头万绪中，同济胜出：讲台上，身高一米八九的大个子希拉克，一袭西装，板正倜傥，操着巴黎腔，铿锵道出："我热爱中国，我对中国人民怀有崇高敬意。"

离开了，精神品级犹在，马克龙称其"伟大的法国人"。

法国《世界报》评价，这是一个高度敏感的人道主义者，一位被世界承认和爱戴的总统，他尊重每一个人群和种族，尊重异域文明。

在塞纳河左岸，希拉克将他的文化特质凝练在布朗利河岸博物馆（Musée du quai Branly），以雅克·希拉克之名，以方舟之形态，聚集五大洲原始文明典藏，承载一条有呼吸、有年代、有传承的人道民生和文明生态，支撑起世界的文化坐标。

法国驻华使馆开通了电子吊唁簿，以便中国民众向他传达最后的致意。

追忆逝者，崇敬、庄重，不悲戚，9月30日全国哀悼日，希拉克在家人陪伴下，于荣军院向爱他及被他爱过的法国民众辞行，然后，长眠在巴黎蒙帕纳斯墓园的家族墓地。

继萨特、杜拉斯、莫泊桑等文学巨匠之后，蒙帕纳斯墓园，因希拉克的加入拥有新的高度。

举杯邀歌，为一场盛大的告别。

两米的距离

希拉克去世后，我重返蒙帕纳斯墓园。这不是巴黎最美墓地，共和国总统的加入使它拥有了新的高度。

晚秋。巴黎。连日阴雨。

午后，几束阳光破云而出，如火阵点亮天空，阴郁的城市明艳起来。

披上大衣，扣上贝雷帽，趁天光，乘散发尿骚味的地铁至蒙帕纳斯墓园（Cimetière du Montparnasse），一处文人墨士及艺术家的长眠之地。

政治家很少，希拉克是唯一。

进大门直走不到百米，左手，一枚崭新白色大理石墓碑向道而立，透过围转人群的缝隙，清晰看到"雅克·希拉克 1932—2019"两行字，墓志铭凝练浅显，一如生命本身。

墓前伫立，两米远。十五年前，在上海，也是两米的距离，希拉克站在我们对面，以共和国总统名义揭幕上海巴斯德研究院成立。

曾经全程接受记者采访、睿智儒雅、有型有智、一米八九的大个子总统，此刻，长眠在眼前两米外的冰冷地下……

风，吹来一阵寒凉。

秋阳穿透梧桐枝叶，妩媚地将墓园照耀得如诗如画，在数排高耸、冷峻的墓室中，希拉克墓，舒朗明亮，放着金光。

墓碑鲜花拥簇，苹果招摇，乍看颇似中国墓地的贡品。1995 年总统大选，希拉克在巴黎农展会果农摊位的一句"吃苹果！"（manger des pommes）成为他著名的"竞选口号"，大举赢得选民成功入主爱丽舍宫。

从此，"吃苹果！"深入人心。

供奉的苹果滚动着露珠和雨滴，将晚秋的清润渗入碑石，蓬勃起共和国总统体恤农民、热爱农耕、尊崇生态的大地情怀。希拉克此刻要传递的，绝非一宵冷雨离愁泪，而是一位政治家的精神光芒，和直抵人心的博爱与荣光。

墓石挤满祭拜者的深情寄语，一枚红色塑框上镌刻：愿你长眠温柔如你曾经宽容的心（Que ton repos soit doux comme ton coeur fut bon）。

试图找到他女儿墓碑，未果。离开，转身又去看了萨特和杜拉斯。

杜拉斯去世后，她最后的情人安德里亚在墓地无数黄昏与清晨中发呆的那张长椅已空。五年前，他挨过漫长相思后终于如愿以偿安睡在杜拉斯身边，肩并肩，长相守。

一位先生走近我，问"日本人还是越南人？"

为何不猜中国人呢？

听到同是墓园控，他提议带我看诗人波德莱尔、数学家庞加莱、罗马尼亚戏剧家欧仁·尤奈斯库。天空清澈，阳光疏冷，墓廊间，踩着梧桐落叶走着、看着，听这位巴黎人讲述。

他指向墓园东墙，"毕加索就住在墙外的那所房子。"

也埋在这儿吗？我问。

"没，他在普罗旺斯买了间城堡，葬在城堡花园。"

"真会选地儿。"我说。

他领我奔到东墓园看煤油灯发明者。一方巨型豪华墓石上，安置了真人比例两倍的两尊雕塑，煤油灯发明人比戎（Pigeon），两腮乱胡，侧卧，凝视身边仰卧的妻子。看上去真瘆人，头皮一阵发紧。

蒙帕纳斯墓园更接近安葬的本色，密密层层的墓室拥塞在一起，残旧而压抑。这里接纳了众多欧洲文学艺术家的灵魂，他们在此摩肩接踵，用精神体温和煦巴黎清秋，地下世界该不会孤寂清冷？

深一脚浅一脚在墓石间探索，一些墓碑长久无家人光顾打扫侵蚀风化，苔藓满布，留下逝者独自悲凉。

返向西园，擦墙根儿，几幢四层居民楼的阳台正对墓地。"挨这么近不硌硬啊？换在中国这风水可不成。"

巴黎人很干脆：硌硬啥，死亡每人都会轮到嘛，相反，人们喜欢邻墓地，清净，适合打坐冥想，要知道这里房价超贵，一平一万五千多欧元。

这是位墓地常客，有事没事来溜达一圈，对墓园每个角落了如指掌，从不认为这儿的风水不好。他读过不少关于中国的书，"风水"，他直接用了"feng shui"拼音。

与拉雪兹墓地一样，蒙帕纳斯墓园是座独立的小城，每条路都有路牌、名称和号码，拉近生者与亡者的距离，地上人与地下人和平相处，安堵如故。

蒙帕纳斯
的深秋

"怎么没看到希拉克女儿的墓碑？不是葬在一起了吗？"

"有的，走，我带你去，估计被苹果和花盖住了。"

来到墓碑，他用食指轻缓推开一个苹果，瞬间，露出希拉克女儿洛朗斯的生卒年月和姓名：

1958—2016

Laurence Chirac

"白发人送黑发人，是希拉克一生最大的痛，他坚持百年后要和女儿葬在一起。"

这么窄的墓穴，棺椁一般按顺序摆放，最先来的在下面，然后依次往上摆……他讲解着。

我说："我有点不自在。"有些细节不好太深入。

教堂钟声敲响，十八点，墓地即将闭园。门口，依旧人群涌动，熙攘如市，三五个长发飘飘的中国老年艺界人士走进大门，人手一捧红玫瑰，身后还跟了专职摄影师边走边拍。该是去拜访哪位大画家？

突然意识到，我每次来皆空手。

夕阳中，我们离开，置身 Edgar Quinet 大街，车水马龙的喧嚣顷刻淹没了墓园的冷寂，暮色街角，蒙帕纳斯二百零九米高的标志性现代化建筑，于冥府秋凉中并不悲怆。

他提议为我拍张人像。我双手空荡没有鲜花，庄重的深蓝正装却毫不失敬，一束夕阳从背后射来，照亮我的半张脸。

"帮你也拍一张？"

"我太腼腆不好意思照相，把我留在记忆和想象中吧。"

目测一米八一，清瘦有型，鸭舌帽、黑羊毛大衣、水洗蓝仔裤，声音低沉、诚挚诙谐，无傲慢与偏见。

风一样的男人。留给我无数想象的空间……

回转，地铁十二号线分手，各自消失在不同方向的人流中，才意识到忘问请缨陪看两小时墓园并热心讲解的巴黎人姓甚名谁？

下地铁，直奔超市，捡了四枚苹果，置放收银传输带的刹那喊了句："吃苹果！"前面正结账的男士，回头，一笑："这是希拉克说的！"

"正是！"我也笑了。

希拉克苹果，拉近的，岂止两米的距离？

雅克·希拉克，衍生出一名记者与一位总统在中国上海的对话，并由此生发系列有关他的鸿篇巨制；希拉克，带来今日蒙帕纳斯墓园的美好遇见，激发超市陌生人诙谐的对答与友善的微笑。

走出超市，金色晚霞自巴黎天空直射而下，"吃苹果！"在天地间响亮。

余辉，巴黎 Edgar Quinet 大街

庙堂之外

　　凭借俊朗外貌和杰出政治理念，三十五岁赢得乡间选民顺利进入议会，继而一路平步青云，两次出任政府总理，三次担任巴黎市长，双连任法兰西共和国总统。

　　他是希拉克。蓬皮杜叫他"推土机"。

　　亲民，决断，勇敢无畏，团结法国左右两翼实现两次"左右共治"，避免社会撕裂。《纽约时报》将希拉克政绩形容为"不可想象的成功"。

　　庙堂之外，光鲜之下，生活中的希拉克与普通人一样，有血有肉有悲苦。

　　大女儿洛朗斯英年早逝便是他的致命伤害。洛朗斯十五岁与父母在科西嘉岛度假感染脑膜炎，此后二十年有过正常生活，读医，从医，直到病情加重屡次自杀未遂，终因厌食症导致心脏衰竭离世。

　　在巴黎蒙帕纳斯墓园，为我做志愿讲解员的先生告诉我，身为总统，希拉克不缺钱，他请了世上最好的医生。

　　女儿离世后，有媒体拍到希拉克外出时常会让司机绕道把他放在蒙帕纳斯墓地与女儿独处。背影孤苦，场景悲凉。

　　希拉克次女克洛德曾明确对媒体表示："我在总统府担任新闻联络顾问负责父亲公务活动，就是要夺回被政治抢走的父亲。"女儿找回父亲最简单的办法莫过于走进父亲的圈子，希拉克选定次女在身边工作也是对孩子缺失父爱的补偿。

　　希拉克去世后不久，克洛德携丈夫和儿子前往老家科雷兹，参加当地为希拉克举办的特别悼念会。"这里是希拉克的根，是家族的土地，是希拉克选择的地方，"克洛德丈夫代表希拉克家人发表讲话。弗雷德里克·萨拉特·巴鲁（Frédéric Salat-Baroux），克洛德的第二任丈夫，希拉克总统府前秘书长。

追思活动刻意选在希拉克父母的老家 Sainte- Féréole 镇，镇长当即提议，以希拉克命名镇府广场，纪念这位"国家卓越的孩子"。希拉克少年时代在镇上度过，因出了个共和国总统，小镇被誉为"政治家摇篮"。

当地政府官员、农者及希拉克同时代密友向克洛德送来老照片和新苹果，媒体记者抓拍了克洛德吃苹果，并配了说明："克洛德重现 1995 年希拉克大选吃苹果的场景。"科雷兹人真实在，开着拖拉机直接从果园运来大筐苹果，以耘田碧翠的独特方式缅怀总统，致敬他的家人。

在祖父母老宅前，克洛德无限感慨："我和姐姐在这儿度过了童年和少年的幸福时光。"坚称，"这是希拉克家族的祖宅，永远不卖。"

希拉克二十三岁的外孙对记者说："我今天来为陪伴妈妈，也是为感谢多年在我外祖父生命中非常重要的科雷兹人，我被他们的爱以及他们现在依然在为外祖父所做的一切而感动。"

萨朗村（Sarran）还修建了希拉克博物馆，黑灰色石板屋顶的现代建筑群矗立在村口高地，俯视牛羊漫坡、溪水潺流。博物馆旁，一面红砖高墙直接砌入土丘，马赛克拼出"希拉克总统博物馆"几个大字，极简、大胆的乡土设计，隐伏着至正至大的气场。

博物馆馆藏现在又增设了总统夫妇用过的红色"标致"，一辆多次往返巴黎—科雷兹的座驾，见证希拉克与科雷兹的一世情缘。

博物馆是全体公民的心意，更是科雷兹人的敬意，天空下，希拉克的大幅黑白照，点化周边古老村落，让八方游人懂得"科雷兹的孩子"如何走出家乡撬动世界。

在城镇乡村，总会与无数以希拉克命名的中学、广场和街道相遇，每

克雷兹红砂岩石建造的民宅

一寸土地都在表述以希拉克为荣的自豪，炫耀共和国总统带来的存在感和影响力。

这里，也在传颂希拉克对科雷兹人的深情告白：你们不必感谢我，没有你们的支持和投票，我什么都不是。

希拉克从这片地域收获了热情、开朗和对农耕生活的热爱，形成他吃喝谈笑、与农民称兄道弟的总统形象。

那年八月在科雷兹，我专程去了希拉克城堡，隐匿在原始密林，问了好几个人才摸到。离城堡一公里，我把车甩在葵田，沿古堡林荫路步行，路尽头，城堡大铁门被太阳照得锃亮，两边，由共和国卫队二十四小时把守。

说明来意，我被破天荒允许进入。没有邀请，我执意来了，进来了，站在当年希拉克和江泽民夫妇举办家庭晚宴和舞会的大厅。正是从这间老宅，两位元首在当地牛肉、奶酪和红酒的居家氛围中，推进中法友好。

在巴黎荣军院举办的希拉克民众告别活动中，家人准备了"希拉克金

希拉克城堡

句"手册，最后一页放了希拉克一家四口全家福的黑白照，总统夫妇和两个女儿走在科雷兹的田野上，随性、简单、快乐。

希拉克家族不乏惊艳的全家福，何选这张？媒体称，它代表希拉克生前以及全家对紧密"家庭生活"的向往。喧嚣蒸腾，千军过后，大幕谢下，唯"在一起"是人间胜境。

八〇后同事亮给我青年希拉克梳大背头、嘴叼香烟的照片，嬉皮又倜傥。问 95 后新入职的是否知道希拉克？"当然知道，这么大腕儿级的政治家。"邻居组两个人聊天：我妈不怎么识字，昨天电话里突然问我最近是不是有个总统去世了，我告诉她是法国总统希拉克。

在法国，有爱他的，不爱他的，恨他的。他去世后，无数关于他的著述横空出世，作家洛朗·谷米撰写的《致力法兰西的一生（Une vie pour la France）》将希拉克执政称为"希拉克史诗"。希拉克好友让·路易·德布雷《希拉克眼中的世界（Le monde selon Chirac）》，定义他是"法兰西历史上不可忽略的政治家。"

法国时政记者贝亚特丽斯·居雷写了《希拉克和他的秘密》，细数总统风流往事，从《费加罗报》的美女记者，到总统府的女秘书再到日本东京的法语女翻译，真真假假假假真真，极度自由国家的写手们抖出各种爆料，是博眼球赚发行量吗？

希拉克夫人也承认丈夫"特有女人缘"。这不能怪他，矫健的体态，柔和深远的目光，俊朗的面孔总是"洋溢幸福的笑容"，嘴角两只酒窝更为五尺男赋予了"儿童的率真"。

在里布尔（Libourne）高速路服务站，我从十几本有关希拉克的传记中，选了那本《曾经的希拉克（C'était Chirac）》，名记 Saïd Mahrane 著。书封上，青年希拉克棱角分明，双目有神，嘴角上扬，酒窝深陷。这张有别于希拉克所有照片的黑白照，很容易想到"玉树临风"，突然明白，为何"风流倜傥"四字要一起组合。

我不猎奇，只对从政生涯有兴致，试图理清，怎样的谋略、胸怀和政绩才配得上"旧世界最后一位巨人"。

悲喜田园

一

从农，在中国不是被推崇的职业，上学时，老师总拿"不好好学习长大就当农民"训话。

此种教育不难理解，改革开放前，猪肉和鸡蛋凭票购置，家里人口多，买回来的斤两肉还不够孩子们抢。莫言短篇《吃相凶恶》，也是源自少时家贫，遇好吃的穷凶极恶疯抢、快速吞咽的丑态。

这些已是茶余饭后忆苦思甜的话料，物质的极大丰富，国人从当年对大鱼大肉如饥似渴的盼望，到返璞归真于粗茶淡饭的养生，继而衍生风靡全国的生态旅游，越来越多的人行走在墟落山庄、旷野密林，仁者乐山，智者乐水的中国古代山水哲学正逐渐改变大众的生活方式。

然而，真正解甲归田者有几人？我认识的一些农者相继撇下青山秀水的苏北和皖南农村，用几十年打工攒下的辛苦钱到县城买了公寓，感觉这才真正脱离了乡土，过上了城里人的日子。

事实上，农业是科技含量很高的产业。我的新鲁汶校友陈某是南京农业大学教授，除了拥有国内农大博士文凭，还分别拿下荷兰瓦赫宁根大学和比利时新鲁汶大学的农学硕士学位。无关乎"文凭控"，是出自对农业的热爱。

欧洲许多国家都是传统农业大国，荷兰在海底播撒芦苇和茅草吸干海水，将围海大坝改造成农田造福千秋，比利时研制了数百种修道院啤酒引领

寂静的酒村

世界发酵酿制风尚，法国拥有誉塞天下的葡萄种植和酿制让世界酒意醺然。

父亲开辟的菜园，使得我很小就见证了蔬菜从育苗、浇水、搭架到拉秧的全过程，增加了我对植物生态链的亲密感，也在我的生命中根植了四海沧田。无论到哪儿，我最爱看农村，不是城市。

二

法国有部以农村为题的老电影《幸福在草地》（Le bohneur est dans le pré），讲述城里人迁居到西南若斯（Gers）的乡村生活。电视台开辟的"农民鹊桥"栏目，也照猫画虎取名"爱情在草地"（L'amour est dans le pré），极高的收视率源自人们骨子里对"鸡犬相闻"乡村生活的向往。

　　然而，真正归园田居做个散淡村民并不容易，成为与土地为伍靠天吃饭的农者，尤为不易。

　　在佩里高地区的溪谷莱斯（Sigoulès）村，我结识了酒农米歇尔，他开着拖拉机载着堆成山的麦草垛从两米宽的路上开来，我退至路边葵田避让，他减速，从驾驶室探出半个身子致谢，简单寒暄，语速超快，风风火火。

　　他独自打理父母留下的农场，父母早年从波兰移民过来参与法国战后重建，起初他们在法国农家打下手，帮衬垦荒种地、饲养牲畜，后来，两人恋爱结婚生儿育女，顽强打拼攒钱买下属于自己的农场。这是一座真正意义上的大农场，几百只牛羊马匹，十几公顷的葡园、麦田和李子园。从落脚法国时十来岁的孩子，到如今年逾古稀，大半生心血倾注农场，汗水肥沃了田地，也赔上了健康，老两口双双落下一身的关节病，父亲前不久颈椎出了问题，母亲刚作了膝关节置换。

　　米歇尔不和父母住，一个人住两公里外的 Le Maine 村，父母留下的老房子和农场在那儿。他卖掉全部牲畜，专心打理葡萄园，外加几公顷葵田。仅这两种农作物能完全剥夺米歇尔三个季节的赋闲，从春种到秋收，米歇尔像只陀螺，疯子一样奔忙田间地头，剪枝、除草、施肥、浇灌、全部一个人。晚上八九点钟，村民在院子喝着红酒吃着鸭肝，米歇尔还在田里开着喷洒车忙活。

　　夏天日照长，二十二点天光依然明晃晃的，月亮跃出地平线，清亮地照着忙碌的米歇尔，落霞飞孤鹜，橡树苍劲，葡园起伏，气韵开阔。

　　于看客，这是怎样沉醉的乡居生态，很容易进入画家的笔底。我指向浓酽天际的暮霞，惊叹无遮拦的旷野构筑的天象奇观。

　　米歇尔瞄过去，急促应着"嗯，好壮观"，然后发动那辆老掉牙的"标志"赶去妈妈那吃饭。米歇尔妈妈饭菜做得隆重，牛肉、猪肉、鸭肉、鹅肝酱每餐标配。庄稼人都知道，干农活就靠好好吃饭撑着。

麦收季

　　五十分钟后，又见他从父母家朝邻村他住的老农场疾驰而归，夜幕中的乡村路，"老标志"刺耳的马达声划破村庄的寂静。土路是线，连接三点一线——庄稼地、父母家和农场。这是他生活的全部。

　　街坊说他每天进家累得腰酸背痛，满头大汗，甚至来不及冲澡倒头便睡。他像一座运行准时的钟，上好发条，井井有条，忙而不乱。他的饭点很准，中午十二点和晚上八点，他不戴表，听教堂整点敲钟报时。村里有专职敲钟人，为不影响村民休息，夜里二十三点至凌晨五点不敲，剩下的整点钟，周边村落钟声齐鸣，希冀升腾，气象起伏。

　　米歇尔妈妈为儿子的婚事操碎了心，"都四十了还单着，不知道我们能撑多久，原来农忙时他爸爸还能打下手，现在半身不遂怎么帮？"她说她和丈夫没退休前经营二十公顷的农场，但至少有十几个人干活，现在农场还是那么大，就儿子一人干，秋收实在忙不开村民也会来帮忙。

　　娶媳妇儿在农村正经是个老大难的话题，村里像他这样的光棍汉不少，全是祖辈面朝黄土背朝天的农者。

我问怎么没上"搭鹊桥"的电视节目？

上了，也有喜欢农村的女孩子来相亲，面对如此庞大的农场和繁重的农事，最后都选择离开。罗莎莉（Rosalie）叹着气。"城里人哭着喊着想来农村生活，可真要嫁到农村还是需要勇气。"

村民说，村里年轻人少，女孩子更少，来相亲的不少城里姑娘真心喜欢农村，可涉及农事又上不了手，这么大规模的农场，不是土生土长的村里人都会被吓住。

这是列入法国生态圈的村庄，土地齐楚，阡陌交通，屋舍俨然，葵花招摇，哪位姑娘甘愿投身乡村，拥着牛羊，在葡萄园和向葵花地激扬青春？

<h1 style="text-align:center">三</h1>

与米歇尔同村的法比安（Fabien），画家兼酒农，四十好几也是未婚。

法比安说，如果不接手父亲的农场，会做一名职业画家，有自己的社交圈，很容易找到愿意嫁过来的女人。

他并不遗憾："父母的家业总要有人延续。"他卖掉鸡鸭马牛，只留李子园，忙完灌溉修枝，李子开花和挂果的几个月，就躲进果园支起画架，画素云在不可思议的湛蓝中变换游移……颜料干了，夏便成了秋。

他有一堆李子主题的油画，会带上它们赴展，有乐趣，有钱赚，像极了《幸福在草地》的电影。若草地上有爱情就完美了。

法国是农业大国，每届总统都重视农事，出台系列减免税收和增加农业补贴的政策，政府深知离开美丽的自然生态，任何文化都不成气候。然而，如何解决农民娶妻难的问题？仅靠电视台的"搭鹊桥"？不少农者都上过鹊桥栏目，成功牵手的不多。

除了当地农民，乡村主要居住群体是法国本土退休者，他们大半辈子耗在了都市朝九晚五的奔波中，现在攒着丰富的养老金潜心乡野圆梦田园，甘愿忍受没有任何商业、买个面包都要开车到五公里外的镇上。这里流行一句话："一间农房两亩葡园三头奶牛"，跟咱们中国人"一亩地两头牛老婆孩子热炕头"是一个意思。

另一部分居民是英国人，追逐南法阳光来此置业安居。他们不是真正意义的农者，没有农场，没田地要耕种，没牲畜要牧养，弄几只猫狗鸭鹅，为空阔的前院后院填充些人气，他们有大把时间栽树、除草、种植松露、细耘菜园。他们是田园享受者，不必巴望收成。

还有一群人便是旅者，他们是看客，蜂拥到此，在麦田间，看农夫开着自动捡拾机把麦秸卷成圆滚滚的草垛，齐楚大方地铺排于田野，制造意味无限的草莽野趣。也是在这儿，我学了个世界通用的英语词："round baller"——卷草机，田野上美得窒息的麦草垛就是它卷起来的。

四

我去了米歇尔的农场，收工时，他开着拖拉机，我坐旁边副驾驶。

村西拐角，一排石屋，旧墙斑驳，霉苔肆意，没有灯光，更无烟火，后院，两只三米多高的不锈钢储酒桶，在暮色中泛着银光。"自己田里的葡萄酿的，全部卖给当地农业合作社。"

"酒不零售，除拿些给左邻右舍，从合作社的收入不薄。"他说。

两只兀立的巨型酒桶，构成我对这个单身酒农居所的全部记忆，酒桶盛的，一半是酒，一半是汗水。

他倒了杯红酒给我。喝下，"c'est un délice。"我重复村民夸他酒说过的话。

"没酒庄没专业酿酒师，你的酒真的不输大酒。"我说。

"葡园面积并不太大，但都是风土园（cépage），自带光芒，酿制技术显得不那么重要了。"低调，是米歇尔的本色。

"不想像波尔多那些大酒一样打入中国市场？"

"喔，这个梦想太宏大，不敢奢望。"

米歇尔的农场是根脉维系，是情缘牵扯，他像千万农者那样执着坚守着老迈的土地，传承农耕文明，扛起国家的农业兴盛。

狩猎是米歇尔唯一的消遣，他是农民狩猎协会会员，冬天，从农用拖拉机驾驶室解放出来，放肆原野，齐声呐喊，引弓射猎……一阵林间清风，野猪已在旷野草泽间。

乡野，激发灵感，启迪世人，在这儿，我总会想到"月出映沟坻，烟升隐墟落"，"钟声散墟落，灯火见人家"的田园诗赋。

樵村渔浦的内容，复杂，也简单：关于农事，关于生态，关于人间。

Rita

G打来电话。

Rita夜里走了。

Rita没能熬到六月，五月最后一天，她走完16年的生命里程。

16岁于猫咪是绝对高龄。喜丧，可我还是难受了好一阵。

她离世当晚，我刻意上网狂搜猫咪变老衰弱后要不要安乐死，没承想第二天一早Rita已走。我和Rita相距十万八千里，不在一个洲际版图，但仍然凭着第六感预感到了她的最后时刻。

Rita，法国猫，叫了个西班牙名字。

三天前，G说Rita状态很糟，走路一瘸一拐，吃饭时后腿抖得厉害，估料时日不多。我提议赶紧送兽医实施安乐死，G却坚持自然死亡。"她没有痛苦的表情，胃口一直很好，只是腿脚沉重。"G说。

一个月前传来的视频上，仍见她一个箭步冲到屋檐下专注、快速扫荡盘中餐的敏捷。我特兴奋："Rita蛮好，跑得够快，吃饭也香！"

开春以来，Rita24小时户外活动，离世当晚，进到屋里，趴在垫子上，大脑和意识清醒，G守着她，理顺她身体杂乱的毛发，她喉咙里居然发出平日被安抚时愉悦的声响，这是她最后的享受。约莫夜里零时平静离开。

一直说写Rita，稿子标题很早就编入书稿序列，而内容空着，没想到她会熬不过夏天。我找出标注"Rita"的文档，一气呵成，将本该生动有趣的Rita纪实写成了给她的祭文。

Rita 在吉普车上

Rita 四岁时我认识她，爬高跳远活力四射，她不是成天赖屋里的宠物猫，每天野外猎食，在 G 两个足球场大的领地捉虫猎鸟，上树，穿荆棘，跑庄稼地，对每一寸土地了如指掌。G 说，猫与狗不同，地盘对猫至关重要，猫要生活在自己的地盘，要感觉是地盘的主人。

Rita 仅小部分时间在家，客厅的地上常年安置着她的餐具，盆碗里有硬粮和水，每天还赏她一顿肉罐头。Rita 嘴刁，前几年另外两只猫还在时，如果餐盘食物被他们吃过，Rita 能立马闻出，扭头走开拒吃，嗅觉无敌灵敏。

她异常谨慎，确切说是警惕，骨子里永远绷着"阶级斗争"的弦，她最常态的动作是跳到厨房操作台上向外眺望，或卧在吉普车顶，貌似晒太阳，倒不如说瞭望四周勘察敌情。村里猫狗多，常会闯进不速之客，Rita 一旦发现就会吼着奔过去驱赶。

见过一次她嗓子里发出"呼呼"声、两眼圆睁、整个身体绷成弓对峙一条外来狗的场景，比她高好几头的大狗竟被 Rita 吓得掉头鼠窜。

总之她不热情好客，严守主人领地，维护领土完整。我常说一只猫居然有像狗一样的本领，能看家守业！正因为她"警惕和谨慎"，别的猫咪都先后离开，只有她在这世界上平安潇洒了 16 年。

Rita 示爱的方式很特别，每次从外面进屋都会在每个人的小腿蹭一下——"Hi，我回来了。"这一蹭有点猛，我不太喜欢，告诉她以后不要蹭我，她记住了，每次走来快接近我时好像突然记起什么，掉头走开。有记性，懂礼貌，是我对 Rita 的评价。

我去散步，她悄悄跟着，保护我还是黏我？不清楚，跟在我后面保持 20 米的距离将我从园子护送至小马路。园子尽头连着乡村公路，路两边是葡萄园和向日葵田，Rita 懂得危险，很少上马路，直接从园子钻入田地，顺着我散步的方向在葡园垄上与我并排疾行。

开始我没注意到她，直到听见庄稼地传来阵阵疾驰声。她机敏、轻盈，奔跑穿梭从不会碰掉一片叶子，也不会伤到一颗葡萄，深谙酒农锄禾日当午的艰辛。

Rita 始终体型姣好，不胖不瘦身轻凌燕，她常年登临厨房操作台远眺"敌情"，能熟练在堆满酒杯、瓷盘、陶碗的台面上迂回穿行，从未打翻碰掉过一只。这绝活我一直叫服，小脑超发达。

Rita 共产过两胎小猫，每次 6 只，来自同一"丈夫"，一只强壮的白色野猫。Rita 发情时，白猫不知从哪儿跑来对她一见钟情，孕期还陪护 Rita 在游泳池边嬉闹玩耍，但他从不进屋，Rita 进屋吃饭，他就在泳池边徘徊边朝里看，很痴情的样子。

与兽医谈及此事，兽医一脸惊讶："这等恩爱事在猫科中几乎从未有过。"

G 冬天回巴黎，Rita 就独自坚守两公顷领地，为方便她进出家门，G 在客厅木门上掏洞安了块铁板，再给 Rita 脖子拴上磁石，磁石撞开门洞铁板，猫咪便能进入屋内。客厅橡木门是防弹玻璃的那种，不便宜，下面挖个洞肯定影响整体美观，但为了 Rita，G 也是拼了。

这么多年的冬天 Rita 独自安然度过，从未发生意外，我始终惊叹她的生命力和独立。G 春天返回乡下，经常是屋内餐盘水尽粮绝，而 Rita 永远健康无恙，她总能通过各种觅食顽强地生存下来。

去年春天，我到乡下，等了好几天 Rita 没出现，一般她听到马达响就会闻声奔来。20 天过去，确信她很可能在冬天冻死或饿死，尤其她的两条后腿一年前显著老化，连椅子都跳不上去，奔跑也不再有原来的矫健和速度。和人一样，当腿脚不灵便就是进行性衰老的开始。

每天黄昏，我呆立 Rita 最喜欢蜷缩的泳池边，想象着她的各种死亡，心中千般痛楚翻腾，我一遍遍大喊她的名字，回答我的，只有村庄的寂静……

几天后，路遇村东头邻居，跟她说起 Rita。

她说 Rita 被她收留，一月份有几天特别冷，看到 Rita 在她家门口转悠，又瘦又冷又饿的样子，就把她请进家看护喂养。

有吃有喝有住，但 Rita 却没了外出的自由，好几个月被圈在陌生人家里，对于具有野外习性的猫咪如临地狱。邻居说，也不知道是谁家的猫，没敢轻易放出去，大冷天怕猎不到小虫被饿死。

我说她每年都能打猎，这两年估计腿脚不灵，猎捕变得艰难了。

无论怎样，找到 Rita 就是胜利！

收留照看 Rita 的女士婉拒了我给出的生活费，村里人淳朴，对动物尤其友善，不管认识与否，不管谁家的，没得吃就请进来喂养。

Rita 重新回到她熟悉的地盘，撒欢儿来回奔跑，但不再矫健，后腿明显沉重，最终决定带她去看医生，装进笼子放到后备箱，她便一路发出愤怒的吼声，眼睛布满仇恨，像是要被送上断头台，我还紧着对她说："去看医生、看腿，看完腿就可以正常走路……"

到了诊所，医生检查完，说她总体无大碍，但的确是老了，不必吃什么药，顺其自然即可。一只猫活到 16 岁已是罕见的记录。医生重复着。

从此以后，看着 Rita 不急不忙地"跑"，不紧不慢地走，她的后腿日渐吃不上力，一副老态。想到有的狗狗落到一步都不能走要主人用车推着散步兜风，Rita 已非常省心了。

腿脚不好使她照样出去猎食，一般是白天在家睡觉，天擦黑出去，早晨再回来，在屋里蒙头睡上一天，沉睡不醒的样子，我总担心她是不是还喘气，最后一年她睡觉多于玩耍，看到她，仿佛看到人的生命历程，幼年，青年，壮年，老年。

G 将一棵因缺水没能成活的树拔掉，深挖，将 Rita 入土。

"她会永远感觉在她的领地，这个很重要。"G 说。

周边还有几棵野生蜀葵，Rita 一定喜欢。G 又说。

如此结局，完美。Rita 会高兴。

昨天，与原来的外专罗安娜（Anne Laure）聊了 Rita，又问她从新华社大院抱养的那只黑猫怎样了，一晃他也 9 岁，步入中年。

当年，罗安娜在食堂前面的草地吃午饭，一只奶猫走过来黏她，又跟着她一直走到新闻大厦门口，小猫突然懂事地收住脚步，恋恋不舍朝罗安娜进门的方向望了好一阵。

Rita 和我

罗安娜整个下午心不在焉，问我能否帮她一起找回小猫，她说："我肯定他喜欢我。"

我们在花园找到猫咪，社爱猫协会还送来牛奶和纸箱……从此，这猫带给罗安娜多少欢乐不用描述自己想象好了。

罗安娜任期结束回国前，不厌其烦为小猫办理了系列合法手续将他带上飞机，和另外一只她收养的猫咪一起，一路辗转飞抵法国波尔多，回到老家 Coutras。

罗安娜说，两只猫成天不着家在乡村田野疯跑，比原来圈在北京公寓更强壮了。

猫，带来如此快乐的回忆和文字，我不曾想到。

从高悬的铁艺牌看猫狗鸡在村庄的地位

从戴高乐到法航

一

戴高乐顶着诸多闪光头衔：军事家、政治家、外交家、作家、法兰西第五共和国总统。

法国本土以戴高乐命名的广场和街道无数，巴黎凯旋门星形广场直接叫了"戴高乐广场"，向东，百米外，还雕铸起一尊七米高的戴高乐铜像，伟大的身影呼应着凯旋门，为雍容的香街大道注入凛凛英气。

巴黎最大的机场也取名"戴高乐"，然而这机场似乎没有戴高乐那么闪亮，因航站楼设计和地勤服务质量等各种因素，屡次被评为"世界最差机场"。对于外国人，航站楼简直就是迷宫，要有翻山越岭长途跋涉的心理准备。好在，随着中国游客剧增，在法国旅游局和外交部的敦促下，戴高乐机场近年做了不少努力，一下飞机，就能看到"欢迎来法国"的中文电子显示屏，海关、转机、卫生间和电梯全都增设了中文标识，远道而来的旅客开始领受冷面巴黎的几分温度。

机场排长队等待离境的景象很是壮观，几千号人挤在一个并不大的空间，百米长的等候队伍中布满法航工作人员，不是协助旅客提供方便，而是守着个一米高的铁架子，架子下方是按照允许旅客随身携带的行李箱最大尺寸做的一个铁框，看谁的箱子稍大就直接拉过去放入框内，放进去便罢，放不进去，哪怕大两毫米也要求去托运没商量。在这长宽两毫米之间耗费如此人力和财力是否太过夸张？

有一次一年轻女士跟海关查验人员抱怨"加塞儿的"太多，要求他们干预以保证每位乘客准时登机，十秒钟后，忽见海关查验者将其护照直接从小窗口扔出摔在地上，说道："我不负责维持秩序，只管查护照！"瞬间，全场哗然。

在机场航站楼问路，也别指望地勤人员肯停下耐心听你说，人人都是清一色的急匆匆、大步流星、面无表情，个个高度紧张，像要赶赴火场扑救，旅客还没出机场就被一种无形的仓促和巴黎的高冷搞得心情黑暗，激情全无。

二

来看看法航。法航是全世界罢工最多的航空公司，罢工和上街游行是家常便饭，且每次都选择节假日，目的很简单，就是要扰乱出行者计划，借此给工会施压要求增加工资。夏天旅游旺季的罢工会导致上千航班取消，数万旅客滞留。

法航空乘和飞行员的薪水据说蛮高，我认识的一位法航机长，退休前专飞巴黎—北京，巴黎—胡志明，其薪水之厚，早在 20 世纪 90 年代就在凯旋门附近购置了带前后花园的大宅。

法航的微笑服务不专业，不少空乘基本没笑容，看惯了我们国内航班笑容甜蜜、体贴温柔的空姐，法航空姐空少的面孔，棱角突出，有点傲慢。

2014 年中法建交 50 周年，法国前国民议会议长巴尔托洛内来京参加庆典，万里迢迢特意带来一张法文报纸，其中一整版用繁体中文写了"欢迎"两个大字，他在记者招待会上展示这张报纸，以此表明法国欢迎中国游客的热情和姿态。此举不大不小轰动了中国媒体，成为记者争相报道的趣闻。

前外交部长法比尤斯也是忙前跑后，清晨五点天还没亮便赶赴戴高乐机场迎接中国旅行团，以示法国殷勤好客。但他们二人的友好和良苦用心并未落实到法航，政府归政府，法航我行我素。

如果说法航班机是中国游客看向法国的第一窗口，那么戴高乐机场便是法国向中国游客敞开的第一扇门。而这扇窗和门的风景，并不动人。

在北京—巴黎航班，遇见过一个频繁穿梭中法的男同胞，机舱太冷，他跑到机尾向空乘讨双棉袜，被告知"飞机上不准备袜子"。同胞说："不对啊，上次我坐高端经济舱有棉袜呀。"不是没有，只因他坐的是经济舱，只有高端经济舱、公务舱和头等舱才提供棉袜。他自言自语："不就一双袜子，天意批发市场一块钱一双。"

在同一航班，有个女乘客自己进到后舱厨房接开水，当时里面没有空乘，接好水转身刚要出来，一中年男空乘正好进来，甩了句："这里不允许乘客进入，你们不懂吗？"随即，候地将后舱厨房的布帘拉上，动作之猛有点挑衅。

在巴黎—波尔多航班，一位瘦弱女生登机后请空姐协助她一起把拉杆箱举上行李架，只见空姐沉下脸眼皮一耷拉，边帮她共同举箱，边不耐烦地说："下次这种拉杆箱别随身带，直接托运好了。"一个转身，扬长而去。

法航班机的杂志陈旧，几个月不换新，早年还备过中文报刊，后来为节省开支，除了一份"中国青年报"，所有带汉字的全没了。戴高乐机场的 Wi-Fi 也只能免费使用 60 分钟，超出要收费。这种时候，我会想到曾经读过的《欧也妮·葛朗台》，也许，只有法国作家有本事把此类人刻画得如此入木三分。

<h2 style="text-align:center">三</h2>

法国政府为吸引更多游客拉动国民经济做了不少事，但这些努力并未真正具体到旅游部门，且不谈旅游景点冷漠的餐饮服务，单说厕所就足以让游客抓狂。巴黎市中心协和桥附近的塞纳河，是世界各国旅游者最集中

巴黎索园——parc de Sceaux

的地方，若干公里长的塞纳河沿岸仅有两家公厕，其中一家还有开放时间限制，经常看到游客吃闭门羹，然后焦急四处寻厕的尴尬。

那间两百年历史的"巴黎春天百货"，每日奔涌着世界各地的人购物休闲，偌大商场只有一个收费厕所，顾客排百米长队等待如厕是这家老店的驰名风景。见过一名中国男游客着急忙慌跑向卫生间，一把被门口值守的人拦住："这是收费厕所。"我想那男士并不是不想交费，应该是没看懂收费字样，并也确是内急才会往里冲。厕所收费 1.5 欧元，不贵也不便宜，里面倒是格外干净，墙面还装饰了壁纸和油画，据说是某著名设计师的设计。商场大，顾客多，需要的是更多免费卫生间，而不是 design。

"春天"百货的其他顾客，一家百年名店卖着高端奢侈品，每天营业额以数百万计算，咋就缺这 1.5 欧元？

法国为吸引中国游客确实很拼，缩短旅游签证时间，在本土重要景点加强布警保证中国游客安全等。但这还不够，旅游环境的概念很广，小的细节尤其要做到位，比如厕所，比如机场海关，抑或空乘的微笑服务。

20 年前，被媒体频繁轰炸的国内公厕匮乏且无手纸的时代一去不复返，一场名为"公厕革命"的大潮席卷中国大地，大力扩充并改造景点公厕，为游客创造贴心的旅行环境。

以发动各种革命著称于世的法国，是否要来一场"服务行业革命"或"公厕革命"？

前年，澳洲好友科琳娜来北京旅游，在景点、餐馆和咖啡馆受到空前热情接待，天坛一群跳广场舞的大妈还热情邀她入列共舞。晚上回来她特兴奋："没想到我在中国这么招人待见，北京的人情氛围太好了。"

然后她又去了平遥，又是一通在高铁和平遥如何受关注、呵护的话题。她说："就冲中国人这份热情好客，我还会来，更何况我太喜欢北京。"

我借梯往上爬："当然啦，咱北京人热情好客那是出了名的，《论语》都说了'有朋自远方来，不亦乐乎'。"

法国鲜花斗艳的古镇和漫坡遍野的葡萄园，令四方游人高视阔步，大呼小叫，极致的生态环境加上更多的笑脸，想象下，将会是怎样的美好？

面对记者，刚旅游回来的张氏男无限感慨：还是社会主义好，祖国亲。

我笑翻。

问他："没发现法航的飞机餐不错啊？还有红酒和香槟喝！"

每个国家拥有自身固有的文化理念和生活方式，求大同存小异，别老盯着黑暗，看亮处。

于是，天象殊异，一片空明。

看！大阅兵！

阅兵，是身体的愉悦，灵魂的洗礼。

7月14日。

法国国庆阅兵。

香榭丽舍大街变身和平战场。

从星形广场凯旋门方向，马克龙搭载绿色侦察军车出场，这是自戴高乐后第一位选择乘军车阅兵的总统。

随即，千匹骏马自凯旋门向东奔涌而来，"马作的卢飞快，弓如霹雳弦惊，五十弦翻塞外声，"挥剑万人敌。铁骑踏击方石地面，气盖世，勇而强，乘胜追杀，凯歌交奏，旌旗招展，义勇冠今昔。

而后，三千名法国士兵，着一战、二战军服，头顶战盔，手持塞式刺刀、来复枪和斧头，递次顺组，或齐步，或驾驶坦克车，由西向东，朝协和广场主席台有序行进。

背景是凯旋门和高悬香街两侧的蓝白红三色国旗。

几十架战斗机从天空呼啸而过，喷着烟雾在云层拉成三条彩带，在戴高乐雕像顶端盘旋环绕，浩然澎湃，迸发意气。戴高乐，"自由法国"的伟大将领，注目巴黎最美大道，还原和平时期的战斗场景。

雍容富贵的大街，瞬间具有了甲光向日金鳞开，黄沙百战穿金甲，不破楼兰终不还的英雄气概。

我快速发了阅兵式实况视频。有人问为什么法国士兵不踢正步？

几内亚士兵

　　我也一直感觉法军走起来拖泥带水，没有中国国庆阅兵踢正步的威凛。身边的退役军人告诉我，只有中国、德国、俄罗斯等一些国家的阅兵队伍采用踢正步。这让我想到 2015 年 5 月世界反法西斯战争胜利七十周年的纪念活动，那场莫斯科红场的阅兵式，俄罗斯士兵整齐列队踢正步疾风行进，飒利英武，方阵宏大，威震海宇。

　　"踢正步"，法语写成 "les pas de l'oie"，也称"鹅步"。法国军队拒绝鹅步，是因 1939 年纳粹占领巴黎时，德国鬼子正是踢正步耀武扬威穿越凯旋门，野蛮挺进香榭丽舍大街。

　　"这一步伐所呈现的进攻性、侵略性和挑衅性已成为法国深刻的耻辱，我们的军队拒绝踢正步。"参加阅兵观礼的老兵 Gilles 对记者说。

　　阅兵队伍统一采用传统的沉稳步伐，脚步没有高度和跨度，军人的年龄和个头参差不齐，无统一的二十二岁以下，无齐刷刷一水儿的一米九〇身高，行进的步伐整体看上去缺乏几分豪壮、几许霸气。

Gilles 说，凡一战、二战被纳粹践踏过的国家，阅兵式都不采用正步。"美国也不踢正步，美军作为声援军，在欧洲一战、二战战场打了不少战役，仅著名的诺曼底登陆就已赢得了法国民心。"

他指向观礼台上的特朗普："他应邀参加法国新总统 2017 国庆阅兵，也是因为今年恰好是美军声援法国一战百年。"

一战初期始终保持中立的美国，因德军击沉美国邮船而被迫卷入战场。1917 年 4 月 6 日，威尔逊总统派遣美军开赴法国对德作战，数十万美军登陆欧洲西战场，成为折戟德国、夺取一战全面胜利的重要生力军。无数艰辛、告捷的战事为美军在法国赢得了"解放者"的高大形象。

看！今天，一列年轻的军人身裹蓝灰色戎装、头扣钢盔，还原一战威猛的美国士兵，荣耀地行进在巴黎香街大道，接受法美两国总统的检阅。扬鞭纵缰，浩瀚庞大，更出气象。

马克龙总统国庆致辞朴素凝练，为威凛的阅兵式注入深刻的人文精神：

> "今天 7 月 14 日，
>
> 我们庆祝法兰西，
>
> 庆祝我们的团聚；
>
> 庆祝自由，这一最高级别的独立形式；
>
> 庆祝平等，它给予每个人梦想的企望；
>
> 庆祝博爱，它滋长人类互助的决心……"

自由，平等，博爱，三个世纪前写进法国《人权宣言》的六个字，一次次传扬在国家各大庆典。

介绍香街的网站和书册，进入视觉的一行字永远是"世界最美大道"。

没有一条大街如香街那样，成为在市中心构筑田园风仪的标杆，并将城市华美与原野气息引进市中心，如此宽敞无遮的大道铺满阳光，激励想象，营造气宇。

香街上演过法国历史上最关键的镜头：1806 年，拿破仑大胜奥斯特里兹战役率军从这里载誉凯旋；1814 年，反法联盟进入巴黎，香街遭遇普鲁士、英军、德军踩踏；1885 年，雨果灵柩穿过大道停至凯旋门下举行葬礼；1942 年，纳粹军队在此向全世界和平力量炫耀武力；1944 年，"自由法国"勒克莱尔元帅率领解放巴黎的装甲师开进香街接受民众欢呼；1970 年，在这条大道，法国为戴高乐将军致哀、送行。

香街，咋就那么香？巴黎解放日，反法西斯战争胜利日，一战停战日等凡与战事关联的活动都要搬到这条大道庆祝，昔日千军万马短兵相接的疆场，为香街大道注入无限刚毅与荣光。

香街，有景致，有格调，视角广，便于聚合和传扬，香街也是八方游人蜂拥而至的名街，是世界高端品牌和顶级美食汇集、地皮最贵的亨衢，是巴黎名媛牵狗作秀的地盘，是跑车风驰电掣碾过老石地面炫酷的场所，是环法自行车冠军开启香槟展示葡萄酒风尚的大道。

它，历阅百舸，数尽千帆，见证法兰西四百年的峥嵘、变革。

香街名气这么大是一定要谱成歌曲的，听，这首 "Les Champs-Elysées"（香榭丽舍大街）的歌词好帅：

> 我漫步大街，心向陌生人敞开
>
> 我想与任何人问好
>
> 谁都成，也许是你，不管和你说什么
>
> 只想与你说话，只为接近你
>
> 香榭丽舍大街……
>
> 无论晴雨，正午或午夜

　　香街有你梦想的一切

　　从星形广场到协和广场，管弦乐队齐鸣

　　黎明即始，鸟儿欢悦高歌爱情

　　香榭丽舍大街……

　　法国前总统奥朗德访华，中方特别安排尚雯婕在人民大会堂的欢迎宴会上用法语演唱"香榭丽舍大街"。

　　阅兵队伍散去，走在突然沉寂的香街大道，想到十多年前几内亚国庆阅兵，当地军队在无元首、无政府的态势下，自发启动阅兵巡游，他们紧握钢枪，迈着坚毅的步伐，组成铜墙铁壁演绎威武之师。

　　那一刻，我真正懂得，军人，尚可如此精诚团结、勠力同心。

　　敬礼！和平年代守护和平的勇士！

煤场巡礼

一

从巴黎出发，向北，途径阿拉斯（Arras），抵维米岭（Vimy）参加维米岭战役胜利百年庆典。

一战中，加拿大十万兵力四天火战德军，以四千人牺牲、七千人受伤的代价，拿下法军久攻不下的山岭，维米岭战役从此载入世界军事史册。

初春的北部军事要地，军乐齐奏，礼炮轰鸣，法加首脑、军人后裔、现役军人及民众，列阵昔日战场，纪念维米岭战役胜利百年。士兵身披战甲再现一战炮兵、骑兵阵容，巡游车辆威武行进，展示战地武器装备和医护设施，还原百年荣光。

战后，出于敬意，法国将这片战场赠予加拿大，加政府就地修建了维米岭战役纪念馆，白色大理石纪念碑，以高洁、开阔的气韵，直插云天，定格历史，铭记阵亡将士。

我攀缘至纪念碑，默读拥挤于石碑间英雄们的名字，名字全部大写，曾经威猛的士兵仿若从碑石间屹立而起，赴汤蹈火……

举目四望，前方，昔日激烈交火的战壕已不见折戟沉沙的惨烈。

向北，更远处，游移的云团下，连绵着一片黑色丘陵，身边操魁北克法语的加拿大讲解员说，那是旧工业时代的矿渣堆和采矿遗址，列入世界文化与自然遗产。

蜿蜒的煤渣堆，留给我一个时代重工业的背影。煤，作为黑色财富，

从维米岭纪念碑，眺望世界遗产
洛桑戈埃勒煤矿双扎堆 Loos-en-Gohelle

繁荣了欧陆经济，见证过科技进步和社会变迁。历史上，北加莱是法国煤矿重区，三十多万煤矿工人演绎出太多井下紧密团结、互助友爱的故事。

此刻，脚踏维米岭战场，我的记忆回到法国北方，和北方的瓦雷斯·阿赫贝尔煤场（Wallers Arenberg）。

二

九年前，圣诞节后，顶着百年不遇大雪赶至北法矿区采访。

接待我的老矿工埃尔塞已在清晨的寒风中等我。高大魁梧，面膛红润，声如洪钟，周身充溢恶劣作业环境中摸爬滚打出来的健魄，哪里像八十三岁的老者?

一见面就问我:"你一定知道左拉?"

他转身,骄傲地指向身后的瓦雷斯·阿赫贝尔矿井。

"左拉小说《萌芽》改编的电影就是在我们矿井拍摄的,井早关了,原址开辟成博物馆,保存完整的采煤巷道和煤矿开采史,符合电影拍摄所需场景。"

"我们矿井上了电影出了名,沾了左拉的光。"埃尔塞笑得爽朗,说得自豪。

我说《萌芽》电影还没看过,而这部以十九世纪北法矿工生活为题、描写社会主义工人运动的小说大学时就读过了。

他向我伸了伸大拇指。

"我十二岁从捷克来北法挖煤,挖了一辈子,目睹矿井成长、兴盛和衰败,每个角落、每段故事都在我口袋装着。"

随他进入博物馆,莫名的亲切感油然而生,采掘机械、运煤车、矿工装备及矿工生活影像,浓缩成一个时代,致敬煤工。

我不是博物馆爱好者,早年,从北到南看伤了欧洲各类博物馆,以后凡涉及博物馆便心有余悸。而这间煤矿博物馆不同,一进门,旧工业时代的采伐器械传递出远年的诱惑,相比艺术馆长廊深处见不到阳光的油画和冰冷雕塑,这些家伙什儿真切、具体,承载历史记忆,恍若壮阔矿井下,无数煤工砥砺前行。

沿盘曲土阶,深一脚浅一脚下到百米深的坑道,顺着巷道亮灯的方向,跌跌撞撞跟在埃尔塞后面,时不时,他回头提醒我小心台阶。"我闭眼都能走,坑道太窄,你们初次下井不容易。"他说。

一斜坡处,埃尔塞停住,"就是这儿,我经历了那场瓦斯爆炸,六个工友,我们一起挖煤二十年,就这样在我身边突然离开。"

"我一生经历了三次煤矿事故,天知道为什么每次都侥幸活下来。"

朗斯煤矿公司大楼以煤工雕塑压阵

Wallers Arenberg 煤矿

"按我们的说法您命大。"我说。

看着面前陷入短暂沉思的老者，想象着在如此局促、深长的坑道里该有怎样的运气方能死里逃生？

"矿井安全系数总体很高，我们没有过重大伤亡事故。"

他讲了欧洲最惨烈的三场矿难，1974 年，法国朗斯（Lens）附近的矿难夺去四十二名矿工性命。1956 年，比利时马西奈拉（Marcinelle）采煤场瓦斯爆炸，二百六十二名矿工丧生。最残酷的矿难发生在 1906 年煤矿重镇朗斯附近的古叶尔（Courrières）矿区，粉尘爆炸摧毁一百一十公里的煤场，一千二百人殒命。埃尔塞称此次事故"是矿务史上最残忍的黑色记忆。"

每次事故后不害怕吗？我问。

"不怕是假，但下到矿井就要鼓起勇气振作精神，生活总要继续！"

埃尔塞语气坚定，神态刚毅，铮铮煤炭硬汉。

三

六十多年前电气化火车问世敲响了采煤业的丧钟，政府要求逐渐关闭全部矿井，启用环保核能源。90 年代初，北加莱矿区最后一方煤矿的永久封闭，宣告法国煤炭业时代的终结，几百座矿渣堆、采矿场遗址、矿井旧址被炸药炸平，或整体运走。

一个有怀旧情结、视旧物为珍宝的民族，怎能看着这些"工业革命的缩影"就此全然消失？文物保护者四处奔走，呼吁保护起代表旧工业时代的遗址，让那些业已与自然融合的矿渣堆和下沉湖不淡出人类记忆。

走了一段暗无天日的坑道，尽头突然亮出一溜儿格子间。"这是澡堂，每天收工后我们就在这儿冲澡。"

澡堂很高，煤工的几只安全帽和衣裤用一根根麻绳悬吊在屋顶，还原早年洗浴场景。埃尔塞说矿井浴室都是这种格局，坑道空间小没法安柜子，衣服都吊起来。

"这是我们煤工最放松的时刻，大家在水龙头下冲掉满身黑尘，在说笑打趣中缓解疲惫，多年在一起挖煤应对各种复杂险情的经历，让我们变得异常团结。"他说，法国矿工是所有职业队伍中最团结友爱的国际大家庭。

我问何称国际大家庭？

北加莱矿区集合了二十九个国家的工人，主要来自东欧、南欧以及北非的摩洛哥和阿尔及利亚。

拥有如此壮大的采煤队伍，堪称世界煤矿发展史上一项了不起的功业。在煤矿密集的北加莱矿区，18 至 20 世纪三百年中，十二万公顷土地崛起一百多座矿井，为矿工群体应运而生的村庄、火车站、福利住房、学校、宗教及卫生等设施齐备完善，人们安居乐业，丰衣足食。

走过坑道，才能真切实证煤工满面尘灰烟火色，两鬓沧桑十指黑，他们一生潜伏于黑暗为人类输送热值和电能，百折不挠，永不言弃。

"我们博物馆与英格兰、威尔士和德国三家煤矿博物馆是欧洲著名的集教育、陈列和收藏于一体的学术机构。"

埃尔塞穿着那件老旧的黑毛呢大衣，里面露出灰色西装，板板正正，站在博物馆大厅中央，侃侃而谈。

"它们不单是化石般的纪念，还是未来的引领者，激励人类在研究采煤历史、采煤科学和采煤遗迹的利用中不断向前。"

老式煤炭传送带，以黑漆漆的原始面貌占据博物馆最显眼的位置，展示运煤的工作原理和流程。玻璃柜中陈设的工具，讲述着几代煤工的生活和时间，刨床、探照灯、安全帽、台式风扇、刮胡刀、账本、咖啡壶、镜子，这些深刻的时代印记，铁锈斑驳中，满是煤灰侵蚀的重痕。

埃尔塞拿起挂在墙上的老式电话机："现在宣布，工作状态正常，本班采煤开始。"他的喊话逗笑全场。当年，这个采煤班长就是这样发号施令。

四

老人邀我到家里午餐，很近，离矿区不到五公里。政府为矿工修建的红砖民宅上，红衣圣诞老人玩偶依然趴在房顶的烟囱上不肯下来，滑稽可爱的造型延续着节日喜庆。

我大惊小叹这片美好又充满童趣的建筑群，埃尔塞说是他们捷克、波兰的移民矿工把这种东欧圣诞装饰带到了法国北方。

和当地所有 50 年代建筑的矿工村一样，埃尔塞的住房是座二层红砖小楼，前后带院。"政府为我们移民矿工创造了优厚的待遇，住房、医院和学校全部免费，还有矿工专享的廉价超市。"他很知足。

长期井下作业呼吸大量粉尘，大部分矿工或多或少罹患呼吸疾病，埃尔塞说医院免费为他配置了特殊仪器辅助他睡眠时无障碍呼吸。

"一辈子在矿下见不到阳光，一份辛苦且危险系数极高的工作，对十二岁就从捷克来法国的选择不后悔吗？"我问。

"后悔？从不！矿井是我生命的一部分，是我另一个家，我的人生写在那里。"

看着以挖煤为荣、对政府感恩不尽的老矿工，脑子里闪出八个字：勤劳，宽厚，自强，感恩。

八十三岁的年纪，身患尘肺病，却执意每周担任一次矿井志愿讲解员。"煤矿关闭了，但矿井的门一直在我心里敞着，我怀念那个时代，我的生活不能没有矿，哪怕每周下去走一次也好。"

他说，煤矿不仅仅只有黑煤，还有爱情。"我妻子是波兰矿工的女儿，我们养育了四个孩子。"

正巧他的二儿子米歇尔在家，他是煤矿附近 Valenciennes 市的一名警察，每个周末会带上两个儿子来父母家。"我要让孩子记住他们的爷爷奶奶，记住十二岁就从捷克来法国挖煤的爷爷，让他们从小尊重劳动人民，懂得劳动至高无上。"

米歇尔高大英俊，没继承父业，选择了国家公务员，他的言谈举止中，流露着矿工后代的豁达和乐观。

客厅的照片墙上，几张军装照很酷。

"是二战抵抗纳粹占领时期照的。"

"您还参加过抵抗运动？"

法国北部煤矿曾经是二战重要战场，煤矿工人是抵抗和打击纳粹不可忽视的一支力量。"交火激烈时矿工不挖煤，矿井用来掩护战士。"

望着面前将一生交付井下并扛枪打过纳粹的老人，心中，掠过敬意。

时常，我会想起埃尔塞，想起挂在他脸上那份永远舒朗的笑容。那是一幅内心宁澈生发而来的笑颜，是经过苦难磨砺后感知生活芳菲的满足。这是一位在井底天真了一辈子的老者，也是我认识的第一位捷克人。

春天，我去了捷克，在捷克城市乡村的许多时刻，我会想到这位挖煤老人，会在当地人身上寻找埃尔塞的影子，更准确说，是寻找捷克人的品质。

捷克矿工勤勉本分吃苦耐劳，在法国移民中口碑很好，问到任何人，都会异口同声称赞捷克人对煤矿业的贡献。一个外来人，在陌生的国土，以隐忍和劳作换来全社会和人民的承认和感谢，这，不能不说是捷克人精神品级的凯旋。

矿井，煤工，曾经在法国北方汇成轰隆作响团结奋进的交响曲，也将煤矿文明深入地铭刻在这片土地。

北方，曾经多少本地人因无法忍受煤矿开采带来的环境污染而离开。北方，多少移民将一生其至生命都搭上，为了采煤，为了法国工业。

这里缺少名胜古迹，也不具旅游资源，而政府为矿工修筑的一片片红砖房，大方明净地铺排在天地间，构成北方一个有呼吸、有年代、有传承的生命群。

埃尔塞为我唱过一首北方民歌：北方很冷，而北方人的心很热……这歌词，我跟不少人聊过。

他忘记了原籍，把自己当成一个道地原装的北法人。

2004年4月23日，随着最后一车煤从北法摩泽尔煤矿运出，法国境内煤矿就此全部关闭，彻底告别采煤业。埃尔塞说起那天仍然感慨：法国经济有今天，晶亮的煤炭和黑面乌手的煤矿工人功不可没。

我从衣柜里找出埃尔塞送我的白色 T 恤：前襟印着一座井架，下方是矿井的名字——Wallers Arenberg。一件朴素的黑字白衫，封存了我对矿井和煤场的记忆，深厚着我对北法难以释怀的念想。

现在去北法再也看不到运营的煤矿，与煤有关的一切消失在时代前进的脚步中。然而，每一次造访我都发现，当地人交谈，有意无意会说到煤矿，那曾经是他们生活的全部，他们的命。

每一次踏足，耳边似乎总有矿区"咣当、咔嚓"抑扬有致的装运声响在回旋，运煤车噗噗喷着热气，穿越辽阔的北法平原，滚滚向前。

我知道，那是煤矿在我心中永恒的鸣奏。

谨以此文献给全世界的采煤者。

几内亚兵哥

收到几内亚兵哥 Félicien 的邮件。

"我们总统也在北京参加中非峰会，你有采访他吗？"

"很遗憾今年我不在北京，在异地筹备中法五十五周年。"我回。

Félicien 是军人，几内亚特种兵，称其"兵哥"，而实际年龄小我一轮还多。

十二年前，在首都科纳克里，Félicien 协助我们"非洲行"记者采访。那天从体育馆出来，他提议合影。

"这里最能体现中非友谊，感谢中国，越来越多的孩子可以在这儿踢球。"

随行摄像记者王宏达拍下我们的影像：

几内亚天空下，俩黑人，一个，黑得看不清五官，特种兵，一米八三，高大英朗，像座山。一个，黑出高原红，满身腱子肉撑破 T 恤衫和牛仔裤，风吹乱长发，飞扬起尚存的青春。我们身后，是中国援建的体育馆。

Félicien 对我说："你身形不壮也不高，而你身上隐约有股军人的韧力。"

正是这种韧力，维系着不同大陆、不同文化、不同年龄的我们，每月一封邮件往来，滋长着国家层面之外我与 Félicien 跨越万水千山的中非友好。

那年远赴非洲筹备中非合作论坛，几内亚是我们去到的政局最乱的国家，总统因病国外就医，总理暂时告缺，无元首无政府，全国连续数月大罢工，危机四伏，经济崩溃。

两整天，我们跟着军人 Félicien 的大步伐，穿梭在动荡的科纳克里街头，市民们穿着艳丽的服装站在家门口，好奇、欣羡地看着一个亚裔女子在特种兵率领下走街串户，他们用标准汉语冲我喊"功夫"，随即爆发掌声。

平生首次被此番浩荡的彩色人流注目，与一张张明快的笑脸相遇，真切感受着与军人同行的荣光。

Félicien 告诉我，这里崇尚中国功夫。

他带我参加士兵自发组织的几内亚国庆阅兵巡游，戎行甲士英姿勃发，或肩枪，或手持大刀、肩扛梭镖，分纵队，由南向北，健步行进，在飘摇的科纳克里组成一道铜墙铁壁。

我看到，刚毅军人在无元首无总理的国庆日，仍可精诚团结、勠力同心，接受人民的检阅，他们，是威武之师，是几内亚最可爱的人。

十二年过去，当年二十多岁的兵哥已为人父，妻是几内亚野战队员，他说他们是"军事夫妻"。俩儿子秉承父母骁勇善战的禀赋，习武，学中国功夫，未来军人的好料。

Félicien 告诉我，这张合影一直挂在家里的照片墙上，"我珍视与四名中国记者激情而永恒的时光。"他用了" le moment fort et éternel"。

只有一张和 Félicien 的合照？逗留时间短任务重，众多的人要采，无数的地方要访，奔走动荡之国，时时充满战地危险，哪有更多的闲情风月？

为纪念曾经风华正茂的青春，致敬身已离开、心却永远不曾离开的西非大陆，逢 2018 中非峰会，我找出这张十二年前的老照片放至朋友圈，附言：为我们健康的肤色骄傲，那是被阿非利加烈日晒过、黑过、阳光过的容颜。

"能把脸晒得黝黑的原图公开，需要强大的内心和自信！"

"真实的原片，相比当下流行的美白尖脸图，你俩黑得神采奕奕！"

一帧旧照引发"自信和强大"的热评。

Félicien曾训练于毒蛇出没的荒野深山，经历过格斗、攀岩、丛林狩猎及陆海反恐作战实地演练，练就了顽强的生存技术和骁勇作战的本领。他说，作为特种兵，要么证明自己最优秀，要么被淘汰出局。

几内亚没有自己的军火业，最精良的特遣营仍在使用20世纪70年代前的老式武器，手枪、步枪都是美国和德国制造。

Félicien的大儿子取名"阿卡"，源自几内亚特种兵使用的AK47突击步枪，我说"你们不愧是'军事夫妻'，连儿子的名字都带着火药味。"

那年，从非洲回来，认真写了非洲，以六万字的"色彩非洲"组成《行走的生命》一书的第二大章。

今天，再次翻开"色彩非洲"，几内亚从书页间奔涌而出，那里的人

兵哥，后面是中国援建的体育馆

民，平衡于山水，美言为主，友好为上。几内亚并不富庶，是联合国确定的"世界最不发达国家之一"，而勤劳、正义和团结，赋予这片土地无限神采。

前日，Félicien 发来图，是他戴口罩在三色国旗前的近照，他着重强调蓝色医用口罩来自中国的抗疫物资，照片下有行字：你曾经挚爱的三色旗，依然猎猎飞扬在我们一起穿行过的梧桐大道。

由红、黄、绿三色组成的国旗，是装饰，更是几内亚的个性与追求。那年，在这条梧桐大道，Félicien 为我解释红色象征烈士的鲜血，黄色代表普照全国的阳光，绿色是四季茂盛的植物。

喜欢几内亚的各种理由：

高级自然生态，

友善的人民，

威武的几内亚兵哥。

老兵夫妇

　　快到村口，前方葡园走着两位老人，身板笔直，步履生风，一眼认出是 Richard 和 Vey。

　　这是一对 85 岁的英国老兵夫妇。夫妻俩二十多年前从英国北部搬到圣·赛尔南，隐居在这个仅百十来户人家的村落。

　　Richard 听到车响，回头看是我，大喜。迎上前，满面红光，英腔英调，掷地有声。

　　"您说话仍然铿锵有力，跟以前一样。"

　　"心脏搭桥后，他遵医嘱每天绕葡园走一大圈，饮食从原来单纯的猪肉和土豆改为每日三蔬。"妻子 Vey 接过话茬。

　　"多好！走路虎虎有生气，一点看不出做过心脏手术，扛过枪的就是不同。"

　　大家笑成一团。

　　每次在村里小住，夫妻俩会邀我喝下午茶，Richard 跟我聊他叔叔，那个在一战索姆河战役中（Bataille de la Somme）战死疆场的叔叔。

　　索姆河战场在北法，他叔叔当年跟着大部队从英国打到法国围堵德军。这场一战规模最大的战斗，英、法部队最终未能突破德军防线，却极大削弱了纳粹实力。

　　索姆河每年举办战事纪念活动，Richard 年年必驾车前往，从南法到北法，七八十岁的老人，数小时的车程，怎样的激情？他说，一来缅怀叔叔，二来为听英语说英语，活动当天有很多英国人。"法国哪儿都好，单

二战时的 Vey

凭阳光就完胜英国，只是这里没人说英语，除了妻子。"

　　Richard 是很健谈的那种，不能说话对他来说可是个大事儿，"来法国定居时已经六十多岁，过了学语言的年龄。"Richard 仅一次输在了语言，他在超市购物银行卡被盗，用英语报警，接警人第一时间没听懂报案缘由，导致小偷当天有充裕时间成功在店内刷空了卡后逃匿。

　　家族中有人阵亡，是什么促使 Richard 后来也投身二战与纳粹厮杀？

　　"是父亲，父亲告诉我要报仇。"

　　他没有大话，没有保家卫国的"崇高"情怀，就想多杀死几个坏蛋，他负过伤，在野战医院疗伤时认识了他"一生的女人"——Vey。

　　二战时，Vey 是野战医院护士，停战后一直在医院工作直至退休。

　　问她有什么英雄事迹可以分享？

　　战争年代从军是种本能，我是护士，前线需要人手我就去了，救死扶伤，任何一个医护工作者都不会苟且退缩。Vey 说。

夫妻俩很像，低调不善炫耀，相识、相恋、相爱至今，他们见过太多血腥和死亡，比任何人都懂得彼此珍视，不是每一对相爱的人都能幸运冲出烽火硝烟携手六十多个春秋。

我不喝茶，而老兵夫妇的下午茶有请必到，Vey 现烤的英式姜糖蛋糕，不齁甜不油腻，很合我口味。知道我不喜茶，她会特意备贵腐酒，喝茶喝酒都不重要，重要的是大家在一起有的聊，与不说一句法语、操着一口伦敦英语的夫妇交流并不简单，而我总能调动起有限的英语词汇去说去听，不具游刃有余的沟通能力，也能在英腔英调的讲述中，似懂非懂地捕捉到他们谈话内容的实质。

天气晴朗时，下午茶就挪到院子里，花树下围坐，一起闻鸡鸣，观狗跳，远处，葡园铺展。

我开始喜欢上英国英语，没有美音过度卷舌的油腔滑调，那种剑桥的调调和节奏听上去相当"学究"。

他们养鸡，时常送我有机鸡蛋，教我做英式溏心蛋，这种英式早餐的水煮蛋用散养蛋最佳，新鲜、营养，三分钟出锅，置蛋托，敲个洞撒入海盐和黑胡椒粒，用法棍蘸进去，实在另类。

一年秋天，Richard 突感胸口不适，Vey 跑出门呼救，恰遇我路过。

"我丈夫心梗需要马上叫救护车！"

我立马拨通急救电话："一心脏病人需急救，"然后最简短地报了村庄地址和他们家的准确方位。

十来分钟后，一架直升机从天而降！两个医护人员急速冲出舱门直奔他家，Richard 迅速被抬进舱，直升机旋转螺旋桨，轰鸣着，朝五十公里外的 Périgueux 市立医院盘旋飞去。

一切发生得太快，太专业，像极了电影的战场救护。我呆立着，仰头追着升上天的飞机，想象着 Richard 被如此呵护与关爱的幸运。

英国夫妇的村庄

什么样的人，怎样的公民才能享受如此待遇？从我打急救电话到抬患者进机舱，前后总共不到二十分钟，这速度让我多年后想到仍热血沸腾，一个普通百姓，一个生活在法国乡下的英国老人的生命被如此厚爱。

直升机时刻准备待命吗？

"当然，Périgueux 市立中心医院的停机坪永远有几架飞机随时奔赴救援。"心内科主任告诉我。

因抢救及时，Richard 成功实施了心脏搭桥术，从七十八岁发病到现在九十岁，他一直健康地活着。

老两口很感激，Vey 老说："如果不是你及时打急救电话，他就危险了，这种病，时间就是生命。"我说："刚巧我从你家经过，换任何人也会打这个电话。"

这次生病，加之年纪越来越大，老两口的孩子们希望他们能回到英国以方便就医和照应。四年前，他们卖掉在法国的房子返回英国。此后我们邮件往来，没再见面。

邮件中 Richard 讲述日常：11 月 6 号我九十岁生日，太太问我今天怎么庆生？话音刚落，儿子来电话说已经为我在镇上订了中午的生日大餐。

这样的惊喜远不是第一次。那年他们还住在法国时，Vey 接到女儿祝福母亲节的电话，并说为她准备了礼物，礼物就在窗外。Vey 转身，看到窗外站着正在和她通话的女儿，身后还排了三个外孙，他们从英格兰北部特意赶来！这个惊喜，村里村外流传了很久。

每次写信 Richard 会问我何时去英国，"趁我们还健在，否则就来不及了……"是的，英伦之旅我念叨了多年，他还告诉我他们农场离"呼啸山庄"不远。

我时常想起 Richard 和 Vey，这对携手走入九十岁的普通英国夫妇，没有轰轰烈烈的事迹，没有惊天动地的爱情，也没有沉甸甸的荣誉勋章，当年的帅男靓女从硝烟弥漫的二战中一路走来，晚年归园田居，与阳光、葡园为伍。

老兵夫妇离法返英前，圣·塞尔南村长 Marius 为他们举办了特别的欢送仪式，地址选在村府广场。

村长致辞说，我们村不大，因着这对英国老兵夫妇的居住而荣光，在这里生活的二十五年，他们老当益壮投身义工，为周边村镇的医务做了大量工作……

在儿童合唱团无伴奏清唱《乘着歌声的翅膀》的旋律中，两位老人站在村战争纪念碑前，Richard 身穿压箱底的二战军服，褪色的褐绿制服仍能衬出这位老兵的坚毅、英朗。

Vey，一身护士服，胸前佩戴二战十字徽章，彰显军护的高洁、神圣。

这样的告别，寓意深长。

中法，相与而欢

——写在中法建交五十五周年

道不同不相为谋。

中国，法国，两个国家走到一起。

一走，就是五十五年。

当年，毛泽东和戴高乐，以伟人勇气和谋略开启了中法外交征程。两个国家从此聆听中西方文明，以开放包容和人类进步为基准，在自由的空间行进，擎起中法携手互利共赢的旗帜。

西安，北京，武汉，巴黎，里昂，克雷兹，留驻历届中法元首踏足互访的脚步，记载交往凝集而成的友谊。中法收获的不只是经贸大单，更构筑起两种宏大文明润泽在政府和人民之间的相知相悦。

2014年春，习近平主席访法，专程到访"戴高乐基金会"，回顾历史，传达敬意。

2018年岁首，法国总统马克龙访华首站直抵西安，传递对华夏文明和"一带一路"的认知，助推东西方文明在秦砖汉瓦和大唐飞歌中巡游、交融。

循"一带一路"框架，武汉、义乌至里昂、杜尔日货运班列疾驰在新时代的丝绸之路，人类发展共享之举造福七千公里欧亚大陆，黄金通道铺展开一部世界文明交汇史，蕴含辩证通达的全球视野、知行合一的中国智慧。

一边，是沐浴大西洋海风的波尔多葡萄园，一边，是大漠边塞起落有致的宁夏贺兰山，两方以葡萄种植驰名的不同地域，酒气氤氲，馥洌浑厚，醉意秘藏。中法合作开发酒庄以及由葡萄酒衍生的跨国爱情故事，书写改革开放后中法酒文化赋予人道民生的佳话。

中法两方美食家播扬各自地方菜式，偏远法国城镇安锡、勒阿佛尔飘散四川火锅麻辣辛香，未被改良、道地的中餐馆真切落户巴黎巷陌，法国牡蛎空运速达北京各大法式餐厅，传递布列塔尼美食高雅而不抽象的厚嫩与甘美。

法国农业部长吉尧姆以美食方式将夏洛莱冰鲜牛肉引进中国，抢尽进博会风头，为中国消费者奉上法式滋味和情调，并带来勃艮第山林草泽的气韵。

北京广安门中医院一间诊室，一捧粉色玫瑰花明艳在窗台的阳光下，这是慕名中草药、专程来中国就医的法国患者的赠送。

法国贝杰市医生莫朗，几次赴京拜师研习中医，以草药和针灸救治了大量法国患者，他的诊所大厅竖立着一枚中文牌匾，写着"为人民服务"。

民族的，即世界的。

世间一切观海弄潮最终都于文化落脚，文化之伟力，在于能直接进入并参与人的内心。译制片《悲惨世界》打开改革开放的中国认知法国的窗口，在手机快速阅读的今天，中国仍然拥有大群雨果的阅读者和读书会，更有书友在微博分享小说主人公冉·阿让道德升华的摘抄。

电影《情人》让法国人记住了英俊的梁家辉，女作家杜拉斯文学作品也由此上架中国书店。巴黎蒙帕纳斯公墓，杜拉斯的墓碑浇铸着一只赭红色陶盆，没有鲜花，却密密麻麻插满各色钢笔，许多，是中国读者的供奉。素简的笔，是装饰，也是敬意。

卢浮宫携米勒、莫奈原创空降北京，罗丹雕塑真迹亮相国博，电子乐人雅尔以《中国记忆》致敬古老中国，刘欢携手"中法文化大使"苏菲·玛索，在央视春晚深情对唱《玫瑰人生》，国粹京剧漂洋过海，铿锵

西南 Gaillac 葡萄酒产区

"法国最美村镇"之一 Conques

京胡、喧嚣锣鼓沸腾巴黎。

中法交融是两种文明的吸纳与共享，从素昧平生到相与而欢，全方位的双边往来使得两国人民不再翘首遥望，彼此国土浩荡着旅游者自由的脚步，千山万水，不再遥远。

"中法半个多世纪的聚合，在两国疆土播撒和平与爱，同时也表明世界无国界，文明的碰撞势必成为社会锐进的力量。"赛百思中欧商务咨询公司总裁胡磊德在北京接受采访时表示。

今夜，四川自贡春节彩灯再次点亮法国加亚克小城，再现茶马古道、大唐盛世风情，同时，通过这样两座刚刚结对的西南友好城市，向世界昭示，中法友好，跨疆越界，世代传承。

法国，蒙佩里埃市二十世纪伟人广场，矗立着一尊毛泽东青铜雕像：他，开通，高迈，擎右手，引领乾坤。这是中法交汇后长留记忆的雕铸，昭示，拥有两种宏大文明的人民相互吸纳，相互滋养，携手走向新时代。

大哉，中法友好。

足球精神

2018俄罗斯世界杯落幕，法国蓝色军团折桂，这是他们20年来第二次在世界杯绿茵场捧杯。

主帅德尚现场接受采访讲述了训练的艰辛，并用"正如我们共和国总统所说'法兰西万岁'"作为夺冠的总结性感言。事实上"法兰西万岁"非马克龙首创，作家都德早在他的短篇"最后一课"中有写。

每四年的"激情六月"属于世界杯，空气中躁动着足球的喜悦，没有什么能像足球那样激荡起不同种族的共同兴趣和狂热。据报道，为期30天的赛事结束后会有无数人罹患抑郁症，当屏幕不再出现"德国战车"的"技术足球"，不再飞奔荷兰脚法的"艺术足球"，球迷何处寄放他们的激情与梦想？

专业看球，不是瞄帅哥，是看球技，观球场衍生而来的足球精神。身经百战、德国大师级门将卡恩的足球口号"为荣誉而战，为德意志而战"像极了宣战誓言，将战争谋略融进现代竞技体育，好帅。

与主帅勒夫相比，卡恩怎么看都不帅，那张"猩猩面相"甚至有点丑，而他守卫大门无畏扑杀的英姿，让他变得俊朗伟岸、顶天立地，德意志大门有卡恩，全世界都踏实。

这，便是竞技精神。

每届世界杯，首先想到德国，似乎德国就是足球，足球就是德国。20年前，国际足联将"最佳门将"桂冠授予了年轻的卡恩，从此，再精彩的球赛，再天才的门将，都难以撼动对卡恩的无条件崇拜。每届世界杯开赛前，我会翻看历届卡恩的守门视频，一幕幕精彩的瞬间，一名任凭新手辈出也永远无法忽略的足坛宿将。门将守住的不只是一只球，是国家荣誉的大门，这扇门，好比在疆场，守不住，敌人侵入，家国沦陷，守住，便是光明与未来。

2018 俄罗斯世界杯开战后不久，曾四次荣登世界杯冠军奖台的德国战车即惨遭淘汰。有人问我在此局势下希望谁赢？"德国出局，爱谁谁。"德国队不在，再拉风的球赛也少了看点，没了热情。

然而，德意志战车的昔日辉煌还在！

2014 年 7 月 14 日凌晨 3 点，巴西世界杯决赛，德国对抗阿根廷，两军对峙，旗鼓相当难辨雌雄，一个踢的是"技术足球"，另一个玩的是"桑巴"，同是世界足坛名腿，无论谁赢谁输，都将是百年不遇的精彩大决战。

两场比赛结束未见分晓，比分零比零。进入加时赛，"德国战车"突然发力，替补登场的格策一脚将球攻入，1∶0 绝杀阿根廷定乾坤，将德国队第四次推上世界杯冠军奖台。

这一年的决赛，老将前锋克劳泽已近 37 岁，06 年的世界杯，门将卡恩也是 37，足球运动员踢到这把高龄，只有足球天才才会在这样的年纪被重用在这样的时刻。

2006 年 6 月 30 日，德国、阿根廷点球大战前的一幕：卡恩走向草坪上的莱曼，弯下腰拍他的头，随后两个男人的右手握在一起……全世界的现场直播都在捕捉这个镜头，这是超越足球的大将风范，央视体育频道还把这一幕制作成巨幅照片送给中国球迷。媒体曾大肆炒作两位门将的"内部矛盾"，而在国家利益面前，他们选择了冰释前嫌，媒体评价："此举让人看到一个团结、成熟的德国。"

德国、荷兰大战更是标新立异，开赛前，德国一家报纸头版登了幅照片，一对拥吻的德荷跨国恋人，脸上画着各自国家的国旗，图片说明是：

女孩对男孩说："无论结果如何，我都不离开你。"央视前方记者白岩松随即为世界杯赋予了"月老世界杯"的新概念，他说，世界杯制造英雄，生产快乐，还能承载爱情，这便是足球的诗意。

荷兰足球讲求奉献精彩的比赛，要踢得积极主动漂亮，能赢更好，这是常说的"艺术足球"。德国足球追求精神，比如那场德意之战后，德国队员趴在场地痛哭，主教练克林斯曼跑过去，将半个身体伏在球员的背上以双手抚慰，一个自己尚年轻的教练员表现出年迈慈父的情怀，并带头鼓掌，招呼球员起身答谢看台观众。德国没拿到进军柏林的决赛权，但留下了回味和思考，这种回味，比对赛事输赢的渴望更浓厚，这种思考的本质在于，精神在，便拥有未来。

足球是门艺术，当艺术和精神相映生辉、共臻极致，便是足球的魅力。

世界杯之所以经典，是因为四年才重现，是因在这场和平年代被称作"国与国间没有硝烟的战争"中，人们能够憧憬胜利，相信生活。

那年，7月7日，让·皮埃尔打来电话，说他们医院要为实习的葡萄牙女护士送行，并特意选了家西班牙餐厅，还私下说好席间谁也不许提葡法之战。这群法国护士，自己得意不忘形，还不忘给失意的人留面子，此种胜利不傲江湖、谦卑怜惜的姿态，不正是足球精神的现代闪光吗？

之后的每一届欧洲杯和世界杯的观战，再也找不回来2006年那种视觉和精神的双重享受，不是后来的足球不精彩，不是足球精神不再，而是，那年的世界杯，集合了所有我挚爱的优秀球员，由他们足下演绎出的球技和球风已深刻于心，似乎，那就是世界杯的极致，是无可复制的经典，似乎，卡恩退役，便无人望其项背。

在布鲁塞尔买过一对粗陶水杯，英文叫"mug"，杯身烧制了几行英国足球简史，另一只杯身印着踢球的男人，滑稽可爱的表情，夸张的脚法，英式幽默泛滥。杯子后来碎了，我从此跑遍欧洲各大超市、陶瓷专卖店、杂货店，甚至上过英国陶器收藏网站，苦觅"英国足球简史"和"踢球的男人"。绝版，终未寻到。

19世纪下半叶英格兰足球协会在伦敦成立，标志现代足球诞生。

感谢足球，为人类提供极富挑战的体育运动。

感谢英国，让活力四射的足球赛事，成为融入人类美好情感的观赏盛宴。

抗战神父

一

三月，我总会想到新鲁汶大学的樱花小径。

鹅卵石铺砌的百级台阶，自校园下城蜿蜒而上至高城，两侧排立的樱花树，构筑起一条盘曲的樱花路，学生们往来穿梭，或攀缘而上，或逐级而下，飞扬青春，绽放芳华。

这是新鲁汶最驰名的风景。也是记忆最深刻的路。

当年，安定远神父就是从这条坡路走进我们学生公寓参加周末晚会。安定远是中文名，他姓"Hanquet"，我们直接喊他"Père Hanquet（安神父）"。

学生公寓位居"马拉松街"，坐北朝南，三层红砖房容纳八个国籍的学生，一层是厨房、餐厅兼客厅，推开落地窗是院子，夏天我们在那儿喝啤酒吃烧烤，房子北门紧邻樱花路制高点，这里也是高城，古老校园尽收眼底。

十月，周末，刚下过雨，地面蒸着雾气，太阳挤出厚重的云层耀眼地铺洒开来，点亮满地红叶。从窗口，见一位清瘦老人从樱花路拐过来，灰西装，白衫，容光浅笑，那种内心纯净、不争世事、与人为善的笑容，很容易联想到"日朗风清"，"天高云淡"，岁月只在他背部形成微弱的弯度，整个人看上去清癯、英拔，一米八五的大个子，标准比利时男人的身材。

Hanquet 神父（后排右一）与留学生

　　开门瞬间，无法将他孩童般的笑颜与八十四岁的年纪联系起来，不是所有老人能在历经八十年风雨磨砺后仍然把持风骨，星目剑眉，风神俊秀。他，竟没有丝毫衰弱和潦倒，周身散发着凛凛正气。

　　初次见面，礼节性握手、寒暄、自我介绍。安神父带来两瓶修院酿制的白葡萄酒，倒上，我们的对话，慢慢拉开。

　　"我一生最难忘的十年在中国北方，1938 至 1948 年在临汾洪洞教区做神父，与山西有着太多的交集。"安神父这样开场。

　　"在山西，我与当地百姓生活战斗了十年。"他用"战斗"二字概括山西十年传教和抗战生涯。他细数山西，那里的百姓、教堂，还有当地名吃栲栳栳。"栲栳栳"直接用的山西方言，调正腔圆。

安神父的传奇经历，促使我几年后完成了一场以平遥为主线的山西文化之旅，并刻意绕道晋城看了泽州大箕乡小寨村的圣母堂，教堂形如扬帆出海的航船，托举在山岭的巨石上，威凛跌宕，彰显伟力。

二

安神父出生于比利时列日传统的天主教家庭，1938年末，23岁的安定远完成神学研修在列日晋铎神父，随后，从法国马赛起航抵达上海。

"怎样的理想支撑您远赴中国？"

"上帝的召唤！"他不假思索。

首次踏足中国，满目陌生，他先在北京华文学校习中文，接着赶赴山西洪洞教区，从主教秘书做起，兼任教师和财政司铎，一直做到韩罗堰、孙家园一带的本堂神父。

这一做，就是十年。战火的十年，抗战的十年，安神父与当地百姓同呼吸共命运。日军盘踞山西期间，他奔波山地平原，宣讲仁爱，抵制战争，组织战地服务团，抢救伤兵救济难民。他修建简易学校为儿童和成人传播知识，用文化的力量点燃绝望百姓的希望。日本人进村，他用教堂掩护村民，利用各种机智转移日军注意力，救下万千百姓。

马蹄烽烟之间，他宣讲人文主义和慈悲情怀，主持新人婚礼，操办死难者祈祷圣事，他记得教堂唱响《黄河大合唱》的旋律，"我中文不好，而'保卫黄河、保卫华北、保卫全中国'这三句歌词我会。"他曾以"抵抗"罪两次被日方逮捕，获释后，他没要求回国，执意留下负责山西、河北和山东的救援。

如此艰苦的条件，又赶上战争，为何不回比利时？

"怎么能在这样的时刻逃离？"语气坚定，不容置疑。

出于职业敏感，我说要写他。他总推辞："不用了，我只是平凡的神职人员，做了自己该做的事。"

不紧不慢，谦逊真诚，脸上永远挂着招牌笑容。安神父的面容没有被岁月折磨得扭曲和狰狞，甚至细密的皱纹中，除了干净，还是干净。他一生遵循戒律，读经默想，心无旁骛，他脸上没有自诩"基督徒"的骄傲，没有行善举后的洋洋自得，更无被人尊重后的张狂。

1999年在学生公寓初见安神父到现在，二十多年过去，我曾几次动笔，每次打开电脑总感定力不足，似乎很难驾驭这样一位人物。但想写他的冲动一直在。

三

2008年，安神父以九十三岁高龄在新鲁汶家中熟睡时安详离世。

新鲁汶大学东方语言系老师Jacintha告诉我，安神父安静睡去，走得体面，那天清晨，一束阳光明艳地照在他的院落，金光万丈。Jacintha形容"那是上帝的光芒"。

如此有尊严地离开，我深感欣慰，确切说，这也是我预料的方式，博大仁爱、一生听从福音的老人，生命终结得如此从容、安定。

我没能参加新鲁汶大学圣·方济教堂为他举办的告别弥撒。他去世后的第二年，我重返新鲁汶。

我直奔紧靠樱花路终点的学生公寓，敲门，一女生开门。

"我在这儿住过两年，想再看看这房子。"

身边围过来一刷齐年轻的面孔，一问，全知道安神父。一男生称"他是新鲁汶的灵修导师，学生品德研修的航标。"安定远的精神世界，依然占据校园的重要"股份"。

走出学生公寓，朝安神父故居方向走去。曾经，多少次，在校园的石板路与他照面，他总是那身灰色西装，一脸招牌笑容，手里提着校园唯

——家中餐馆的外卖，米饭和咕咾肉，或饺子。

无数清晨，我匆忙赶课，见他在清凉的雾霭中，弓着清瘦的身体打理房前的花园、菜地，晨曦的光照将他拉成了一幅修长的剪影。

多年后的今天，我站定在他的房前。神父已远行，而他的园子依然繁花锦簇，几个学生义工在田里忙活，"安神父毕生传播福音，我们希望他的道义如花芳菲，世代相传。"

用花圃，铭记一位老人，传递一种精神。

透过落地窗我望到客厅，曾经，在这间阳光充沛的厅堂，我与中国留学生，听一位老人讲述抗日轶事。

他认识中国红军，见过主持晋冀鲁豫八路军总部工作的邓小平同志。"我比你们在座的各位都先认识邓小平先生。"他清楚记得与邓小平的会面，邓小平对他说："安先生，我去过比利时的列日和夏洛瓦，那里有不少勤工俭学的中国留学生。"

历史课上反复听到的长征故事，在亲眼见过中国红军的外国老人口中再次印证。

新鲁汶大学
学生公寓

他热爱东方文化，客厅多年挂着那幅 50 年代从山西带回的刺绣，图案是"八仙过海"。

千山万水将他与山西阻隔，而他的记忆，从未远离过那片土地、那里的乡亲。改革开放后的 1981 年，他重返阔别三十年的中国，之后又相继三次造访他服侍过的山西临汾教区。

当双脚坚实踩在这块曾经战斗过的土地，他内心辽阔着怎样的感慨？

"山西是我的第二故乡，每一次踏足都像回家，十分亲切。""昔日贫瘠的土地被高楼大厦覆盖，山西发展到我完全找不到一丝旧痕，而依然熟悉的，是当地人民世代善良的目光。"

四

离开安神父住所，我向下城走去，大学教堂峭拔的钟楼，冲破繁英满枝的樱花树，大鸣大放，直指长空。

这是我再熟悉不过的新鲁汶圣·方济教堂，推开门，圣母玛利亚画像

战后遗迹

高悬殿堂，以温柔的目光注视众生。今天，这里没有其他造访者，我的拜访安静而纯粹。

当年，安神父在这里成立了新鲁汶碧松火棘友爱会（Fraternité du Buisson），旨在为中国捐献，资助贫困儿童。

也是在这儿，我参加过安神父为中国春节主持的弥撒，祝福中国国富民安、为北京申奥加油喝彩。

这里，在新鲁汶开学典礼上，他让新生起立，面对面拥抱，手拉手、互致问候。友爱，温暖每一个陌生的我们，教堂，见证我们青春的容颜，绽放我们善意的微笑。

"你们来自世界各地，从陌生到相识，从相识到相爱，你们要用能量和行动，让新鲁汶成为传播和平与友爱的桥梁。"安神父话语铿锵有力，字字珠玑。

亚裔学生，因着这场仪式，平生第一次在异国的大学校园，体验了另一种形式的开学典礼，并懂得，大学，不光是传播知识的圣殿，更是播种友谊的沃土。

那条百级石阶托起的樱花路，正是以这座教堂为起点攀缘而上，巍峨地通达我公寓所在的高城。因此，这条高峻的樱花路，是生命的新起点，教化学生的灵魂，指引他们的步履。

安神父生命最后的日子，教堂为他举办了晋铎七十周年纪念会，不是每个神父都拥有七十年的荣耀。他先是婉拒，后在亲朋好友的劝说下同意，条件是为中国捐献。一位生命仅剩一周的老人，心里装的还是中国，惦记的，仍然是山西。他的一生，注定和中国有缘，他的一生，在博爱中构建生命的荣光。

这是一个高尚的人，一个有道德的人，一个纯粹的人，一个脱离低级趣味的人。

安定远神父的精神世界，宽阔而高贵。凭着这种高贵，他能在生死存亡线上勇敢救助，可以用慈爱点燃希望的火种。为光明，为和平，义无反顾，一生一世。

此刻，在新鲁汶，在圣·方济教堂，我仿佛听到一声声高亢的"哈利路亚"在大厅升腾，那是送别一位高洁老人的欢乐颂歌。

我伫立堂内，满怀崇敬，致意远行的安定远神父；致意，分散在世界各地的新鲁汶的同窗好友；致意，我们曾经风华正茂的时光。

五

我总会不自觉地把安神父与二战史上的那些"辛德勒"联系起来，比如，前几年去世、把639名捷克儿童抱上火车、隐姓埋名了六十年的英国老人——尼古拉·温顿。

2009年，为纪念"温顿义举"70周年，一列以他命名的"温顿火车"，载着当年被他亲手抱上火车的老儿童们从布拉格开往伦敦，散落各个角落的"温顿小孩"也赶赴伦敦，重逢在和平的天空下。这场跨世纪的大团聚，感动英伦，轰动世界，只因，一个简单"抱上火车"的动作，拯救了近七百个捷克儿童，使得他们躲过纳粹集中营，继而安全幸福地活着。

严歌苓也写过美国伪神父在秦淮两岸掩护学生免遭日军屠杀的故事，张艺谋将其改编成电影《金陵十三钗》，获美国金球奖最佳外语片提名。抛开张艺谋的才智，该片获奖功在"道义"。

安定远生性低调，如果不写，恐怕很少有人知道他，我深知，被写入史册或被拍成电影，都不是安神父的风格。他只希望毕生致力的基督教文化传播，不仅仅是一种简单的信仰系统，而是让更多人沐浴爱的光芒，彼此眷顾，宽恕，襄助。

新鲁汶大学历史上不乏重量级教授，诺奖得主、细胞学家杜韦，世界麻风病协会主席、医学教授勒夏，核物理学家兼新鲁汶校长马克……他们，都不是新鲁汶的主角。

我把笔墨留给安定远，他不是授业解惑的大学教授，但他，用坚定的信仰和博爱的胸襟，凭借上帝的荣耀，教化着前赴后继来鲁汶求学的每一个亮丽的生命。

他生前执笔的《安定远回忆录——1938—1948，在华战火十年传教生涯》，已由新鲁汶大学出版社出版发行，法文版，目前尚无中译本。

我，愿意成为书的译者。

好风长吟——致多比

多比，女儿的狗，灰色泰迪。

11月，房山培训。远山青黛，日朗风清。

手机响。是女儿。

"多比走了。"声音冷漠。

"去哪儿了？"我平静问。

"昨天半夜中毒，抢救无效。"

未得更多细节，电话另端爆发女儿号啕，如山洪流泻。

我愣住，好几秒缓不过神。心塞，像被骤然压了石头，喘不上气。

"要不要发你多比最后的视频？"

"不！"我断然拒绝，我只想记住生龙活虎的多比，那个俏皮机敏、善用眼神、表情及各种身体语言传递喜怒哀乐的精灵。

七年，我与多比共处并不多，它是女儿的宠物，由女儿全权负责衣食起居，工作和家务的各种忙乱，我甚至连想多比的时间都捞不到。

"我们连正式的告别都没有，太突然。"女儿写道。

连续数日，多比独霸记忆，与"他"共度的嘻哈时光倾泻而下……

多比是自信、快乐的使者，爱耍，爱游戏，奔跑时，昂首阔步，双耳直立，卷毛随风舞动，乖萌的圆脑瓜撑起自信与青春，总会让我想到一种"举旗帜、聚民心、扬正气"的威凛。

2011年夏天，四个月的多比首次被女儿忐忑带入家门。对动物缺乏耐心爱心的妈会赶走多比吗？

多比进屋，在门厅左右环视，然后，试探着，谨慎迈步，开启每间房的首场巡查。

他尚未发育完全，"羽毛"不丰，头尖，身形瘦小，而乖巧、礼貌、教养有加的美好形象已深入人心。

开始吃饭。我提议举多比到餐桌。女儿大惊：洁癖泛滥的妈怎会破天荒如此宽容允许动物上桌？！且是一款价格昂贵的百年胡桃木餐桌。

多比上桌，满桌飘香的饭菜近在嘴边，且看他，自觉趴下，静观，无任何站起抅菜的欲望和行为，更无急赤白咧张牙舞爪与主人争吃的贪婪。

我问哪儿来的狗这么高贵？

后来跟友人谈及，她讲恰好刚看过国际狗们面对一块面包的段子，有美国、墨西哥、斐济、欧洲狗等。结论是，法国狗在面包前最淡定。

两人大笑。友人总结，矜持与生俱来，这便是人们常说的绅士风度。此定论暂不展开。我们的多比，来自北京香山一家纯正血统泰迪犬培育中心，原装中国制造，与法国毫不搭界。

全程观摩、采访过欧洲宠物狗训练基地，巴黎周边的一家驯养中心每小时收费十五欧元，教如何守规矩、懂主人，何时该坐、该卧、该叫、不该叫，如何对待客人和陌生人……这时，我总不自觉地想到多比，无须任何系统培训，生就讲文明、懂礼貌、明事理，未以规矩，自成方圆。

多比很少与主人过分亲昵，太懂何时讨好以及讨好的分寸、火候，知晓距离产生美放之四海而皆准的真理。我们坐沙发看电视，他从不主动跃上与主人纠缠，静卧地板，面向电视，看屏幕上人间嬉笑。他也会转身面对我们，目不转睛、深情无限、若即若离地凝望，总让我内心涌动深厚爱怜，性格中的某些坚硬，在多比的目光中渐行柔软。

一只狗，我从中窥视到不卑不亢的特质，此种精神品级，甚至在高级动物人类中，也非人人兼具，要么是点头哈腰媚上的"哈巴狗"，要么是缺乏教养横冲直撞的"疯狗"。

多比与男主人的初见竟是一场战争，执意要立即送走没商量！父女大吵，表情狰狞凶狠，声音尖利刺耳，多比吓得躲进床下数时不敢冒头。

一连几天，多比小心翼翼忍受着主人的无视和冷漠，不轻易接近。终于有一天，主人看电视，多比巧妙迂回至沙发侧面，谨慎注视，随即试探性慢慢靠近，再靠近。男主人，最终在狗狗有礼有节的攻势中破防。

多比有眼力见儿，我起身去洗手间，他会嗖地跳上沙发坐到我的位置，我推门从洗手间出来，他以迅雷不及掩耳之速跳下沙发让位。请想象我的感动，平生何时被如此尊重？又曾何地，见过如此深谙主仆关系的动物？

凡狗，皆喜饭香，多比也不例外。我在厨房忙活，他会站在门框，边歪头边看我做饭，从不越雷池一步把爪子伸进来，我端菜转身向餐厅，守在厨房门口的多比，突然一个华丽左侧身，闪道让我行！他从不走我前头，也不屁颠儿跟在后面垂涎争嘴。多比，以其超强克制力和极致的礼貌，保持着一只狗不被食物俘虏的矜持。

那年冬天，在紧贴塞纳河、草木繁盛的巴黎宠物墓园，我被猫儿狗儿长情告白的碑文震撼，这与那些长眠拉雪兹墓地的文人艺术家的极简，甚至"过于干涩"的碑文形成强烈的反差。当时我并不理解宠物墓地碑文怎会比人的碑文生动、燃情？也未搞懂动物以怎样的魅力和忽悠带给人类缠绵的依恋。相比只刻生卒年月的人的墓碑，猫狗的碑文，情更深，意更切。

每次到女儿家，门一开，多比欢叫着自客厅奔来，直立前身，两只前爪在我的大衣裙边刨来刨去，我后退着，"多比多比，羊绒大衣贵啊。"他完全听懂，即刻落下前爪，转头，换方式，在敞亮客厅狂奔几个来回释放见到我的兴奋，然后，嘴叼球，抛给我，开始玩他的传球拿手好戏。朋友圈狂赞这段视频，一致称他"优秀二传手"。

之后我再来女儿家，多比依旧是飞跃而至，随即像速滑运动员，干净利落潇洒立定，举前爪欲搭在我身上的一瞬，似乎突然意识到"喔对，这个洁癖女人的羊绒大衣不能碰！"瞬间，伸出的前爪落地。

数次，我自问，面对这样一只善良通达的狗，羊绒大衣算什么？

深为自责的一次，多比吃得不对没忍住吐在我房间，我拿纸巾边擦地板边嘟囔："脏不脏啊，还得用拖布拖，烦啊你……"他完全听懂，斜眼瞄我，扭头灰溜溜躲到女儿卧室的床下，怎么叫都不出来。

一个时辰后胃舒服了，他钻出床径直走到客厅的大门，趴在女儿的拖鞋上，背朝我，俨然是生气了。

"多比，多比，多比！"

我，一声高过一声地喊。

他，岿然不动，似雕塑。

爱憎分明，有种！

忽然，门外踱来脚步，多比闻声而立，女儿推门入室的刹那，多比一跃扑到她身上，兴奋获救的肢体语言令我无比汗颜。

他开心过，吃香喝辣认真的幸福过，坐过路虎、波音 747，翻过大山，越过海洋，这辈子，值了。

我私信女儿，她笑出声。

此刻，我翻着多比的照片：你趴在黑礁石海滩，检阅涨潮前的祥和，海面寥寂、深远，像极了你宽阔的内心，也契合你酷爱和平、反对争吵的秉性。你，感情真挚，懂生活，有情怀，听海浪澎湃。你真切的背影，留给我们无限想象的空间。

多比，我会再来和你一起奔跑过的海滩，面朝大海，为你而歌。

多比，我看到，你的精神光芒在深邃的海洋闪亮。

感谢，此生有你，我坚韧的性格圆润，琐碎的日子丰厚。

吹来的花籽

微阳初至日光舒，蜀葵花迎晓露开。

"像早上八九点钟的太阳，希望是你们的，也是我们的。"

清晨，推窗遇花，我总是想到这句话。

院落本无花。几年前，大西洋飓风吹来邻居花园的花籽，落地、生根，悄然勃发，生机盎然点缀在门前窗下，招蜂引蝶，摇曳生辉。

花籽破土，从嫩芽变成叶片，慵懒地匍匐在地面，暗沉、土绿，毫不惹眼，没以为是花，浇水时会刻意避开，也会无意中深一脚浅一脚地踩上。

几天后，这些幼苗如丑小鸭脱胎换骨，突如其来出落得风仪玉立，明艳而不张扬，俏皮、腼腆地招摇在窗口，水灵灵、红艳艳地站给你看，站给世界看。

"瞧它们调皮的样子。"邻居过来闲聊，我用 espiègle（调皮）形容她花园飘来的花籽长成的蜀葵。

邻居七十多岁，一生忙于葡萄种植和酿制，并精晓园艺擅长花园设计。村民喊她谷呦夫人（Madame Gouyou）。

谷呦夫人的百年老宅堪称名副其实的街心花园：绿植和鲜花环绕拱形院门，从这扇"绽放"的门洞向里，百年桑树在院落拉出中轴，延伸出百花齐放，方正有序，错落有致，形成严谨的几何网格，展现以轴线、对称、比例为三要素的古典法式园林理念。

花园正对村府，吸引远近来来往往的目光。村长称谷呦夫人的花园是

"明星花园"，为全村营造着生活气氛和美学格调。

这评价分量不浅。

每次路过，我会站在栅栏外贪婪地朝里瞭望，试图蹭些灵感。我知道，这学不来，不单有审美，还需要技术。

我对谷呦夫人说，咋这么巧你家花籽被风吹来正好落到我窗下，而不是杂乱无章在院子疯长？

"花有灵性，知道你讲条理爱洁净。"她很幽默。

村长 Marius 说他在村里生活了五十多年，家里的花都是自己播种。"你多运气，天降花籽，扎根苗壮。"

我说："还是人品好。"

大家哄笑。

蜀葵从地表直立向上后便一路攀高，耸立着，朝天空伸展，这时要给它们搭架做支撑，以便两米多高时能承受风吹雨打不折断。南法许多城市有蜀葵，瘦高的花茎被绳子或竹竿固定于石墙和树干，如此五花大绑并未毁损花之魅，反倒有种人为干预的修饰感。

大西洋沿岸塔尔蒙村（Talmont sur Gironde），正是凭借蓬勃的蜀葵花，在竞选"法国最美丽村庄"中脱颖而出。一间偏僻、仅几十户的村落，蜀葵吐芳争艳，大红、紫红、白色、粉色，缤纷妖娆。这里的蜀葵不是大规模同一时间的标准栽种，形态纷呈自由散漫，有种桀骜不驯的张扬。穿街走巷，恍若奔跑野地花海。

几公里外，海岸线的岩石、坡地，蜀葵星点、恣意蔓延，不具规模，却壮阔澎湃，一眼望去，大西洋浩瀚辽远，野性流荡。

我曾站立岸边，观惊涛拍岸狂风乱作吹散蜀葵，零散并苗壮的声势，为蜀葵花注入无限野趣，如此男性风骨，让我对柔美有余刚毅不足的花刮目相看。

蜀葵写成"roses trémières"，法汉词典的注解为"舶来花"，这也坚

窗外　　　　　　　　　　　　　　　　　　　　　　　　village fleuri 盛开的村庄

实了蜀葵根系巴蜀的论证。川蜀大地拥有广阔的种植基地，友人还刻意为我拍来当地的黑蜀葵，冷艳高贵而神秘，不过作为鲜花，我更倾向喜庆的红色，红花配绿叶，大自然绝配。

为鼓励农民种花扮靓村庄，法国乡镇还免费发放花籽，不为竞争"最美丽村庄"，却一定争做"鲜花盛开的村庄"。驱车行驶，你会与无数"花村（village fleuri）"路牌擦肩而过，进入村庄，门前窗下鲜花肆意，每家的花盆摆放和花卉栽种，千姿百态不重样。

村民比赛窗口的华美、门前的创意，铺天盖地的鲜花以喧宾夺主之势"遮挡"建筑原貌，那些青苔厚重、墙体斑剥的旧屋老宅，在花的簇拥下，从几百年的历史中苏醒，焕发青春的容颜。

春夏秋冬，南法的乡村，近观，远望，是一丛一丛的花，农舍淹没花中，鲜花覆盖农舍，分不清是花，是房，还是村。蜀葵非国花，但规模和气势超越国花。

　　梵高在普罗旺斯画过《花瓶里的蜀葵》，直立的茎秆自下而上爬满花朵、花蕾，被油画的蜀葵摒弃娇嗔，有着来自男性笔底的凝重。巴黎索园（Parc de Sceaux）城堡的客厅有一幅大壁毯，上面机绣的是南法蜀葵花田，明艳的色彩为身在阴冷北方的主人带来生命的悦动。

　　五月，后院深处簇红隐约，蹚荆棘进入，玫瑰刺绕枝，繁英刺外开。

　　好一株硕大的野蔷薇，又是风吹来的花籽！不择气候土壤顽强成长，诠释"物竞天择"。

　　笔底春风花争妍，却难以取代深情挚爱的柿树，我的院落，定要盘柿高挂红彤彤照耀！

运土种花

诗　奴

羡慕写诗的。每个都笼罩神秘光环，从行为到灵魂，与众不同。

唐诗宋词倒背如流，却不曾吸纳精髓领会其中的抑扬、想象与借景抒情。稿子能惊风雨，诗完全不灵，新闻与诗，两种思维，两个套路。

不会写诗，还写"诗奴"？

因为，遇见。

20 世纪 90 年代苏北农村，遇见刘炜，我是穷学生，他已娶妻生子完成人生大事。其妻，陈华，大丰县城一枝花，修长清丽。我们一起逛村，串门，聊天，吃饭，两口子话不多，最热情的表达是饭桌上不停给我夹菜"这个好吃，多吃。"日子清苦也甜蜜，有诗，就是幸福。

"你老婆嫁你一定是没扛住每天一封的情诗。"我开玩笑。妻子靠缝纫养家育儿支撑丈夫写诗。诗韵与缝纫机窸窣的踏板声汇成诗文，在庸俗的世界里，抑扬顿挫，欢悦敞亮。

我问陈华，苦吗？"苦咋办，谁让他爱写诗。"她不抱怨。

多年后，刘炜递给我一本《月光下的村庄》。封面是水墨剪影，勾勒出石板路尽头的村庄。

多年未见，我们各自在生命的轨道上奔忙，从青年耗到中年，各自姣好、俊朗的模样被时光磨蚀得扭曲变形。而此刻，刘炜半生的忙碌与追求，在诗集朴素的字里行间，款款而至，如林间清风。

不为名，不图利，让内心积淀爆发成文字。

月光下的村庄

把镰刀举到天上

一只布谷鸟飞过

灌浆的麦地

起伏着写意的民歌

满天繁星 让我惊叹

就像一夜之间齐肩的油菜

已结满籽荚

城市的老井

还有多少像我这样的井蛙

忙碌着生计 从不看天

月亮与星星

仿佛已是遥不可及的童话

春雷走过大地

他们是否也在倾听月光下的村庄

就像一幅黑白的水墨长卷

在乡村小路的线轴上展开

树木掩映着老宅的灯光

温暖而明亮

大老远地呼喊一声

开门的竟是李白

梦绕魂牵的月光

有人说刘炜的诗很平，过于白描。平，正代表诗人内心，心不平，怎样瞭望星宇寻找遥远的诗意？

刘炜总会让我想到巴比松的画家，他们以乡村为题，在自然光线的森林中作画，追求真实、极简，他们把扣假发、着刺绣服饰的宫廷男女变成田野劳作的农夫和牧羊女，让画布充溢生命的灵性。

文字最高境界为"简"，比如莫泊桑的短篇，那些被全世界阅读的故事，哪一则不像听奶奶讲故事一样浅显、通俗？《我的叔叔于勒》，从小读到老，每一次朗读原文，刻意停顿，为哽咽留出两秒。

作家的伟力在于，于朴质中赚取读者感动，激发人性思考。

写作，当形容词如女郎盛装，一定是尚未进入文章之道，文章的极致如老街疏桐，桐下旧座，座间闲谈，精致散漫。

人到中年，有人在追名逐利阿谀逢迎，有人在调风弄月醉花前；刘炜，忠实爱情，淡泊静定，一如既往地写诗。每日一首，这是怎样的坚持？写稿、写诗、写书，皆为清苦不赚钱的差事，为啥还写？为使命，为情怀，为自己和世界留点什么，哪怕这点什么什么都不是。使命、情怀，被财迷、官迷们无比鄙视不值毫厘的东西，于写手，便是生命的全部。

刘炜的发小、曾一起写诗、现供职国企的陈总这样评价：他平和地行走在我们身处的世界，孜孜不倦用故乡记忆和现实见闻，温润、抚慰当下日渐衰败的事物和心灵，诗歌价格低廉，换不到富足的生活，但写诗，是他的命。

最后一句亮了。

内心饱满，精神驰骋，笔下生辉，无关乎金钱。写手，都懂。

写作，由爱好渐为生命组成，其中，一半来自遗传基因，一半源于后天价值取向和生活观。文字，非手写就，更非为写而写，而是自内心溢出、化为"宋体"飞溅至键盘的溪水，清澈、流畅，就像斯美塔那《我的祖国》第二乐章中清扬的"伏尔塔瓦河"。

苏北民间诗人刘炜一日一诗，堆积起怎样厚重的纸页？他继续写，各地约诗，名气响亮；陈华业余时间学画，妻的画配夫的诗，文图并茂。

诗，已不单是朗朗上口的韵律，字里行间，飘洒着夫妻相持行走的三十年风雨。

微信头像上颇显富态的刘炜，青年时代的英朗业已褪去，而，诗情在。写诗，永恒不变的节奏，从苏北老家写到梵高，写到他现在生活的城市深圳。

他梳理过苏北大地光荣战史，铿锵激昂，警世铭人。他笔下的苏北老家，老屋，老爸老妈，麦田，池塘，野鲫鱼，醉泥螺，水芹菜，汇成这片娟秀土地的音符和色彩。

读诗，读诗人风骨，读苏北土物民俗，读属于我们那一代人的时代。

不谙诗韵者，零散记下一位民间诗人，聊一种生活方式，称为"文化生命"，论一种精神，叫作"坚韧"。

从阳春白雪杀回人间烟火，话说三十年前的苏北矮菠菜，每次聚会，刘炜夫妇选大丰县城最好的饭店，装潢高档，菜肴精致，没见过世面的穷学生就像进了大观园，搁现在，此类饭店比比皆是，唯穷日子时的"高档"最深刻。矮菠菜我念叨了半辈子，应季菜，十二厘米高，无化肥，入口鲜嫩、圆润，每次吃不够要厚脸皮点上两三盘，再买上几斤生的带回北京，入锅爆火十五秒，置盘，满屋充斥苏北泥土的香气。之后，吃过世界各地菠菜，无一胜出。

一方水土一方人，苏北朴茂大地，元帅、将士辈出，数风流才子，还看今朝。

语言天赋

一

前年北京举办了一场英文的记者发布会，首都几家医院院长和呼吸科主任联合向中外记者介绍新冠肺炎疫情和抗疫经验。全程英语讲述、对答，语惊四座。

懂医学，会外语，中国医生风头太炫。

几年前，陪外国友人去北大一院，病人尚未做血象和CT检查，仅凭口述症状，女医生即刻十分肯定地对病人说：Monsieur, vous êtes attaint d'une maladie très grave, c' est une pancréatite aiguë qui est potentiellement mortelle.（先生，您病得很重，这是一种致死率很高的急性胰腺炎。）她法语流利，熟练安排患者的各项检查、住院事宜。

"这么学院派的法语哪儿学的？"

"在北语突击了三个月，然后在法国里昂的医院做过一年半交换医生。"

患者回国后逢人便讲女医生，夸得她神乎其神，无意中为中国女人的语言天赋做了一则不大不小的广告。

后来与人说起这事儿，大家一致称：要知道学医的个个绝顶聪明，首先记忆力必须好，要背大量中文和拉丁文的药名，理科生的逻辑脑袋，文科生的超凡记忆力。

中国不乏外语讲得特溜儿、遣词考究、语法精准的人。"两会"的御用翻译能自由涉猎天文地理、医学和经贸，也能即兴翻出唐诗宋词的古典意蕴，而这些"神翻们"当年也只是从小学到大学按部就班这样读下来的普通人，没报过外语辅导班，抵达这样的高度是天赋使然，直白说生来就是高翻的料。

2015年杨澜在吉隆坡为北京申办冬奥所做的法语陈述，令国际奥委会官员咋舌刮目，英语生临时突击三周法语，陈述词倒背如流、字正腔圆。

<h2 style="text-align:center">二</h2>

也有汉语学到家、赶超国人水准的老外。法国驻华使馆前首席翻译沉浮，2004年在同济大学为希拉克做同传，四声音准，语风风雅，三十分钟的口译唯一的错是把"造诣"说成了"造指"。转天在上海巴斯德学院揭幕式上，恰巧沉浮在离我一米远的翻译室，他棱角分明，声音低沉，中法互译，收放自如。

他是法国东方语言大学中文系的高才生，后入巴黎高翻学院习同传，考进这所学府并拿到文凭的都是联合国等国际机构窥视的大才。业界对沉浮的评价是"准确、顺达、反应机敏"。

现任法国驻华大使秘书兼翻译的路易，以小二十岁的优势赶超沉浮，这位八〇后男生在顾山大使的历次发言中从无笔记，一身西装，台下一站，凭一个脑袋一张嘴，中翻法，法翻中，娴熟驾驭，游刃有余。

外国人热衷学汉语者众，学得地道的少，控制好汉语四声者更少，四声不对很容易南辕北辙闹笑话，这是学汉语的硬伤，老外把汉语叫成"拉丁语"，大凡复杂的语言都往这儿归。跨国婚姻中，与中国媳妇过了半辈子一句中文都不会的男士大有人在，与外国人结婚好几年仍然用翻译软件沟通的中国女人也不乏其数。毋庸置疑，这拨人语言天赋是零。

看高层，韩国前女总统朴槿惠应算强悍的外语一姐，早年她出访法国从不带演讲稿，台上一站，以韩式微笑开场，随即开启流畅且虚拟式都玩得得心应手的法语演讲，一派东方学者总统风范。

你会说朴槿惠学院派法语得益早年在法国格勒诺布大学留学的经历没什么了不起，可哪位总统不是世界一流名校出来的？有谁像朴槿惠外语搁置数十年后仍能流利操刀？外语是要每天使用方能功夫不减的技能，青年时代修下的法语，三十年后依然驾轻就熟，不是天赋是啥？

2017年在首尔，我刻意跑到高墙环绕的青瓦台门前张望，回想"青瓦台的女儿"一路起伏成为"青瓦台女主"直至被弹劾囚禁的跌宕历程。无法想象，就在几个月前，这扇带有金色凤凰徽章的总统府大门，冷冷地向从小在总统府长大的朴槿惠永远关闭，韩国历史上的第一位女总统黯然离场。

这是一个难以描述的背影，一场迷梦，一声叹息，一地鸡毛……

三

2008年，法国前总统萨科齐来京参加奥运会开幕式，在人民大会堂欢迎午宴上，他大步流星、镇定自若走上讲台致辞，我注意到，相比刚讲完话的芬兰女总统，他手里没有讲稿，他从容地分享奥运理念，表达对中国的友好，娴于辞令，谈锋练达，语速均匀，字里行间韵律流泻，原本生涩、沉闷的法语好似清风流水。

这位身高不出挑、被法媒常以皮鞋里放增高垫来嘲笑的总统，此刻，有气场有气度，诙谐轻松，颇具格局。

非洲人语音模仿力最强，那年在喀麦隆的木雕市场，同行记者让我问掌柜的"大家一起买能优惠多少"，话音刚落，店面的黑人小伙把这句话完整一字不落重复了一遍，我甚至怀疑他连意思都明白。喀麦隆文化部官员接受采访时对此解释道，西非国家土著语言的很多字词发音与中文极相似。

论语言天赋，新鲁汶大学东方语言系教授 Jacintha 认为亚裔留学生中，中国学生外语说得最好，其次是日本，她说这与中国完善的外语教学体系有关。

说起日本，这是我见过最热衷写外语的国家，没有一个城市街头没有外语招牌，面包店、服装店、咖啡馆，甚至九州大兴善寺的深山老林，也藏着"愿世界和平"（Puisse la paix régner dans le monde）的法语立牌。

在九州市，一家五星大酒店的面包房也取了法语名"belles bois"（美木），阴阳性没配合，"beaux bois"写成了"belles bois"，笨拙中满是可爱，看懂倒没问题，只是偌大五星酒店的外语招牌找个行家把关下会更好。

东京有家五星级酒店的外墙更奇葩，酒店大堂的露天通道有一段三十米长的马赛克墙，上面隆重嵌着几个硕大的法语单词"La Vi An Rose"，这是法语歌曲《玫瑰人生》的歌名，寓意很好，只是，四个单词错了俩。之后，一听"La vie en rose"的歌就会想到东京大饭店的这面墙，几个认

日本满大街的
法语错别字

真又稚拙的错别字，盎然着当地人憧憬未来的美好信念。

这段子，与人说一次，笑一次，年轻好几天。

可爱的错别字，可爱的创意，最可爱的是那些热衷写外语而不知道写错的人。

我天生对声音过敏，尤对人声的分贝、口齿、语速和调子。曾经在北京公交车上纠正乘务员"白塔是"的发音引起乘客好奇和肯定的目光，也曾纠正中年女同胞与其塞浦路斯丈夫捉蛇时说了数遍的"no die"，她想说那条蛇没死。我英文很烂，仍然硬着头皮告诉她"没死"应该是"not died"，完整说就是"the snake has not died yet"，而非网络词汇"no zuo no die"（不作不死）中的"no die"，此英文不存在。

无论说哪国话，不求学院式严苛，可以尽量做到用词对、语法通，切勿生编滥造。

第三章

酒路风景

村庄·古迹

阿拉斯广场

走进阿拉斯广场，如同翻开一本军事相簿。

这方以"英雄"命名的广场，将百幅战事老照片框裱在灯箱广告牌上，器宇轩昂地展示英雄的荣光。英俊的美国兵、清丽的新西兰护士、苏格兰大胡子上尉、架秀郎镜的比利时将军，定格在北法四月的天空下，以他们的名字和战绩问鼎伟大。

广场东墙，十米长的巨幅照片气势如虹：从战壕走来的大兵，嘴叼香烟，两鬓胡茬，钢盔扣顶，子弹袋斜挎，向战地记者挥手致意释放凯旋的喜悦。泛黄的历史照片，点化着广场周边的窄街密巷，使各方游人懂得，他们冒着怎样猛烈的炮火勇往直前为自由而战。

今天，北法小城阿拉斯（Arras）隆重纪念阿拉斯战役胜利百年，这场英、法、比、加等多国盟军参与的军事打击，以著名的地道战永载世界军事史册。

一百年前，为对抗装备精良、战术多变的德国步兵师，盟军从我站立的广场展开地下防御工事挖掘，最后，他们从这条二十公里长的地道出其不意冲上维米岭，突袭地面德军，以千人微弱伤亡，摧毁并拿下德军长期占领的维米岭高地。

为此，我特意去了维米岭地道战遗址，阿拉斯向北二十公里。一人多高的狭长地道，迷宫般铺设在荒郊野岭。儿童们在曲折的巷道嬉笑追逐，沐浴和平年代的阳光和天空，哪里寻得当年对峙厮杀的痕迹？

下至地道，走在坑洼不平的泥土和碎石上，再也不用像实施突袭的士兵那样时刻猫腰低头，躲避四面楚歌的枪弹横飞。

维米岭纪念碑

前方，战役中倒下的年轻的生命已融入北国土地，支撑起一片茂盛浩瀚的杉树林为后世遮风挡雨。再远处，加拿大政府修筑的白色大理石纪念碑屹立在维米岭制高点，以伟岸挺拔的姿态，抖擞武士豪迈，凝驻英雄悲壮。

我折返回到阿拉斯广场，四周，老屋倾斜、墙体斑剥、万孔千疮，甚至可以看到柱体内残留的子弹。这方被战争蹂躏得疮痍满目的广场，依循"修旧如旧"原则，苍老而庄严地挽留下轰炸的原始印痕，让后人仰视感叹。对面，挺展、俏丽的市府大厦钟楼，在四月寒风中，似拔地的冷锋，堆叠出一种固执、伟岸的民族精神，无言致意阿拉斯战役！

露天的黑白照片中，我看到一张三军统帅在乱石中勘察战场的影像，注解是：

亲民的英王乔治五世，是英帝国军队的代表与象征，倾力支持一战，视察前线陆海军部队、医院和工厂。战后，他在英军将领 Sir Henry Horne 陪同下赶赴阿拉斯战役最惨烈的战场 Monchy-Le-Preux 村庄缅怀烈士。

边看，边读，边记，钢笔滑落，弯腰欲拾，一位坐推车的女士捡起递向我，目光交错的刹那，我看到一张皱纹密布的慈祥面容。

"每年的阿拉斯战役纪念日我都来，我叫安娜。"九十三岁，经历两次世界大战，她是侥幸躲过无数大轰炸的幸存者。

她说家里至今保存着好几把诺曼底登陆战役中美国伞兵的降落伞。"战时，民不聊生，没吃没喝没穿，美国伞兵空降诺曼底时，女人们就跑去拾降落伞。"她回忆。

"干吗用？"我问。

"做衬衫，降落伞的布像丝一样华润柔美，但不是真正的丝绸，家里人口多，能搞到这样的布匹就像天上掉馅饼。"她松开大衣纽扣，"我今天刻意穿了用降落伞布做的衬衫。"

此刻，这件看似普通的衬衫，是怀旧，也是铭记。

我告诉安娜我写过空降诺曼底的美国伞兵约翰·斯泰勒（John Steele），还去了他空降中被挂在教堂钟楼的那个村庄。

我们说着那个幸运的伞兵，聊着现在悬挂钟楼、按照美国伞兵真人比例制作的伞兵大玩偶，我们欣慰，诺曼底，以这般童稚纪念英雄，诺曼底，喜盛大颂扬，而不是悲戚流泪。

阿拉斯，加莱省会，盛产艳丽挂毯、饰带、奶酪和苹果酒。城外，斯卡尔普河奔流不息。

我站在黄昏的阿拉斯广场，天空冷峻，顷刻，一阵火红的余晖折射而

英雄广场一战照片墙

来，点亮一幅幅竖立排开的老照片。我看到，拥塞的空间中，英烈们摩肩接踵，顶天立地，百年前，他们倒下，百年之后，他们从影像中站起来，以胜利者的姿态，领受阿拉斯城民的敬意，接受各方游人的检阅。

一百年前，他们冲锋陷阵为自由而战，今天，硝烟散尽，英雄的灵魂，在阿拉斯广场欢悦飞扬。

夜幕下的阿拉斯广场不是风情万种的布拉格广场，无人旋转舞蹈、吟唱，无时尚露天咖啡座……

倏地，一群白鸽背对夕阳飞落地面，齐刷刷排在勇士们的照片前，挥翅致意，昂首挺胸。

这番致意，如此美好，此番寓意，无限感动。

古老、忧伤的阿拉斯广场填充了无数英雄的魂魄，欢愉敞亮，无限荣耀。

紧靠英雄消闲半日，心纯粹，灵洗礼。

有多少战场，就有我多少次的造访和记录，只为，历史永驻，英魂长存。

地　铁

一

下 6 号线，雅克说回巴黎就向市长推介北京地铁。"你看，出口的通道多敞亮，偌大地铁站就一个站台，布局科学美观，合理地将两辆相向而行的列车分开。"

出站，他指着十字路口："这个我要拍，四角落都有地铁口，简单的设计巴黎就做不到。我会提议派人来实地参观。"

雅克不是唯一对北京地铁赞不绝口的老外。"北京的交通卡也方便，所有公交通用。"

"巴黎不也准备启用此类交通卡了吗？"我假装安慰。

"巴黎准备的事儿多了，实施起来不知猴年马月。"

"你们地铁建了一个多世纪，早了我们七十多年享受地下交通便捷，难免陈旧和某些不合理，不用这样和北京比。"我继续谦虚。

"话是这么说，但老设备总可以更新，比如车厢。"

幽暗的巴黎地铁，坐过的就知道北京地铁多亮堂，就不会抱怨四号线高峰时挤不上去，7 号线人挤人汗臭冲天，不再说一想挤地铁要死的心都有。从北京、上海来巴黎的，老掉牙叮咣乱响的车厢能惊得你目瞪口呆，对巴黎之种种幻想，在暗无天日的地下世界和震耳欲聋的轰鸣中瞬间破灭。

车厢内的布面座椅窄且脏，窄到一个位子肥硕者放不下屁股，脏到布面油腻得不忍下坐，座椅面对面，几乎没有放腿空间，瘦小的人都得紧贴椅背坐，不然会尴尬地触碰到对方大腿。窄座不全是缺点，练就了当地人的文明坐姿，人人习惯性地挺直腰板，两腿分开歪身横臂坐座的罕有。

想在车厢聊天？咔嚓乱响的老车厢混杂车轮摩擦轨道的刺耳噪音，如乱箭穿心，不扯嗓子喊对方根本听不见。车厢里的人很安静，讲话都压着嗓子，居然互相听得真真儿的，怎样在如此"雷霆万钧"中练就了超强的耳力？

进地铁就是进了防空洞，通道窄，指示牌字体瘦小煞费眼神，站内公厕少，"撒野尿"问题始终得不到解决，间或飘出的尿骚和地下潮气的混合气味令人蹙眉掩鼻。夏天，还要做好没空调捂汗的准备，36℃高温的日子不多，地铁里赶上一次也足够折磨。

二

雅克不掩饰巴黎地铁设计不合理。他说，筹建初期，地铁由私人投资，一个设计师一个创意，缺乏统一方案，这个投资者说他组建 Porte de Clignancourt（科里昂古门）到 Châtelet（夏特莱）这段，那个投资商说他负责从 Porte Maillot（马悦门）至 Champs Elyseés Clémenceaux（香榭丽舍大街）地段。

"地铁建设与你们自由的秉性吻合，国家基建其实都包含一定的民族特性，对吧？"我说。

巴黎地铁竣工于 1900 年，是世界上第五个建地铁的城市，伦敦地铁是老大，然后是纽约、马德里、布达佩斯。巴黎孟克洛（Monclot）地铁口的墙上镶有一张黑白照片，片中戴礼帽着西装的老者便是巴黎地铁工程师 Bienvenue 先生，4 号线蒙帕纳斯站（Montparnasse-Bienvenue）就是以他的名字命名，以纪念这位"地铁之父"。地铁通车那年，巴黎还办了世界博览会和奥运会，纵观一百二十年地铁运营史，或许会对地下交通的各种缺陷多些包容？

"协和"站出口，秋天的杜伊勒公园

巴黎地铁票好小，类似我们原来的老火车票，纸质，一寸长，半寸宽，捏手里稍不留神会滑掉，放包里又太轻薄不好找，每次出行如何安置这张绵软纸票煞费心思。地铁停站时，车门不会自动开启，乘客要自己手动打开，跟我们改革开放前的机车一样。原来还没有语音报站，后来有的线路逐渐开始报站，甚至用中文和日语报，但并不普及，遇到不报站的线，如果你不认识地方又看不懂站名，可能就没头没尾地坐，永远下不了车。

出站口那扇瘦高的老门是巴黎地铁的奇观，老到油漆斑剥，窄到目测约四十厘米宽，胖子需侧身出入，铁门一开一关与铁门框撞击的大动静，总害怕门会从上面直接砸下。这窄门换在北京高峰时段，定会导致全城上班族集体迟到。

冬天的黄昏，我独自进入西岱岛地铁入口，台阶很窄，约五十公分，仅够一人通过，很深，像时光隧道，下到底，我心有余悸回望，一位衣冠楚楚的老妇正沿台阶飘然而下，幽暗中，纤细的身形若隐若现，似外星人降落人间，神秘而诡异。这场景，总会想到圣经描绘的地狱之门。

巴黎地下空间是城市文化的另一种存在，法兰西民族爱挖洞，19 世纪时就建立了停车场、隧道、地窖等颇具规模的地下世界，地下水渠纵横交错，地下排水系统堪称世界之最，且照明设备明亮，路况畅明。老旧的巴黎，到处是时光倒流的幻觉。

三

相比地铁，巴黎有轨电车宽敞明亮，运行快、无噪音，包布座椅舒适洁净。偶尔会有突击查票，见过三个查票员跟一对老年夫妇较劲，由头不是逃票，是没带身份证，老人报了身份证号和家庭住址，最终还是被带出车，名义是，居民出行携带身份证是法律规定。三个彪汉对峙两个七十开外本分的老人，气氛紧张，不少乘客弃车步行。

一直以来，本着中法友好写了不少歌功颂德的文字，而某些稀奇古怪的人和事偏让我接二连三遇见，曾经善良的目光逐渐变得犀利、尖锐。有些地方，想象比看见美好，好比婚姻，墙外比墙内诱惑。

中国高速发展日新月异，拆掉危房旧舍换取摩天大楼，并追求生活的日趋现代化；法国极端恋旧，视陈年旧物为"城市魂魄"，不遗余力维护，并崇尚守旧和回归原始，巴黎某些星级酒店的风冷系统还在沿用悬挂天花板的老式吊扇，相当于中国 20 世纪 80 年代招待所的水平。

如何评价、界定？地域不同，国情不同，文化不同，岂论是非？

十二年前，法国北部 Valenciennes 市的警察米歇尔来北京出差，当他站在阜成门桥俯视车水马龙的二环路及周边高楼林立的金融街时，目怔口呆了至少五分钟，唏嘘："这简直不是我想象的北京，太现代了。"

Valenciennes 市，从城建到百姓生活方式仍停留在 20 世纪中叶，十五年前才终于有了电车，还在当地掀起了不小波澜。那年我去小城，米歇尔执意并自豪地邀请我乘坐刚运营的有轨电车兜风，始发站到尾站坐了两个来回。

巴黎南郊有段废弃轨道，永久陈列着一辆二战地铁车厢，中间的贵宾席漆成红色，内设高级真皮软座，战时，贵宾席是德军免费专座，这是我看到的迄今最奢华的车厢。此种陈示，警示后人珍视和平，勿忘战争。

天知道我对地铁的感情，我没车，大半辈子与地铁为伍，太多的灵感生发于此，不少的书稿都在车厢用手机匆忙记下。

以此文，纪念地铁。

柿树礼赞

我的窗外。

山脊起伏，柿树绵延，明艳的秋天拉开大幕。

这是火红的柿子托出红火北京的季节。

霜降酿柿红，霜冷万叶红，京郊山野层林尽染万山红遍，一派皇家风仪，遗世独立。

我眼中最能代表北京秋天的树是柿树，其华夏姿容，让我无论身处何方都能获得莫大的精神寄托。

我要赞美柿树！

树高叶大，生命顽强，不择环境、土壤挺拔塝坎之巅，傲立沙石荒地，粗拙的树干撑起激情与活力，圆硕的果实像盏盏红灯，点亮希望。

柿子在硕果中无排名，而咏柿诗文不少，丘逢甲"林枫欲老柿将熟，秋在万山深处红"，黄庭坚"柿叶铺庭红颗秋"都是童年朗朗上口的佳句，李商隐"院门昼锁回廊静，秋日当阶柿叶阴"道出霜打柿红的冷艳。

每年深秋我进山寻柿。

当红柿跃动山峦如簇簇火焰，便进入柿乡平谷的山道，铺天盖地的柿园，像递次拉近的电影镜头在车窗外徐徐展开，纵横交错，俨如威武挺拔的将士，于高坡处，烘托起北方山民的热烈、旷达。

临近村口，停车，不远处，山峦伟岸，柿林参天，果农上树揽柿装满篮筐，女人接筐倾倒在拖拉机车斗 扁圆的柿子被秋阳照耀，像极了杨柳青年画中娃娃的笑脸。一座村庄填充那么多亮丽的果实，大山小溪都抖擞起来。

平谷

　　站在树下，我对山民心生敬意。为了祖上留下的园子，为传扬别具厚味的农俗文化，他们不问经济得失，坚守这片充沛的土地，义无反顾，一代又一代。

　　我的果盘无须世界各地奇瓜异果，北京柿子足以占据整场秋季，颜值高，富含维生素，价格长期维稳，从我小时到现在都未极端上扬。

　　一直想有幅梵高的柿子，梵高画过向日葵、野花、梨子、苹果、葡萄、西红柿，甚至南瓜，我翻遍他的画册，终不见柿。专业人士说，法国鲜见柿树，这样一位将生命倾注油墨的艺术家，面对充满张力的红柿不会视而不见。

　　法国森林茂盛，老树参天，荆棘蔓延，平畴浅草，在极致的原始生态之间，我总是竭力寻找柿树，首次遇见竟在波尔多以东的葡萄酒产区。

平谷柿园

Soulbarède 村，两棵两米多高的柿树从农家院落蓬勃而立，灿黄的果实，好似枝杈吊挂无数照亮万物的太阳，点燃周边沉静的葡萄园，静谧的村庄，瞬间生机盎然。村附近有家大型园林超市，半室内半露天，出售各地果树花树，也有柿树，盆栽，一米高，树干吊牌标注"日本柿树"。

我问店员是日本进口吗？

"不，是柿树起源日本。"

"不对，柿树老家不在日本，我多次去日本从没见柿树，日本的看家树是樱。"

顺势普及：柿树是北京特有的树种，是老北京深刻的地域文化，中国北方文学创作都有柿子的笔墨，北京四合院无柿不成院，柿树是风水，是生态，也是老北京的精神，包含阴阳五行。

我继续兜售：四合院里，围坐柿树，泡茶唠嗑，听青天划过驯鸽哨，是正宗的老北京生活。

店员惊叹："喔，原来柿树这么文艺，我赶紧告诉老板把日本柿树改成中国。"

他很当真。

在波尔多葡萄酒培训班期间,我被安置在当地一间酒庄实习。庄主Guy家的地盘很大,除了葡萄园,他种了起码一亩地的树,核桃树、柏树、紫楹花、无花果、意大利白杨,为吃到昂贵的自产松露,还种了橡树、千金榆树和榛树,夏天常看到松鼠上树偷完榛子边打道回府边漏撒一地的场面……哈哈哈哈太可爱了,写得我笑出了声。

Guy说榛子都肥了松鼠,他只能捡它们漏在地上的。

如此灵动的画面再次阐明,世界首先是动物的,然后才是我们的。

业已成材的树群形成浓密的林子,包围着Guy的百年石宅。"多好,不用围墙,这些树就是天然屏障,美化生态又带来负氧离子。"

"要知道二十年前我一搬来就开始栽树才有了现在的规模,跟我来,给你看我的柿树。"

走到前院,十几棵柿树枝叶扶疏,一字排开。"怎会想到种柿树?"我很兴奋。

"喜庆!"他说希望在餐厅吃饭就能望到对面红彤彤的柿子。"像不像张艺谋的《大红灯笼高高挂》?"

柿子引出了中国话题……

这是一个爱读莫言小说、爱看张艺谋电影的庄主,曾经法国某跨国公司中国总部的高级财务总监,弃商从农,一头扎进农庄。

他像只陀螺,从早到晚转着,甚至捞不到时间坐下喝杯下午茶,修枝、除草、喷药,购置树种,联系漆匠、木匠……有时,他的卷发翘起像一丛茁壮的野草,生命仿佛还是二十年前,迸射着青春。

总有一种信念使人青春永驻,就像大地总有股力量让树木恒久蓬勃。

Guy的庄园,因他种下的树木,锐气上升,祥云盘旋,欢悦敞亮。

法国超市也卖柿子,西班牙的,特甜,可水分不足口感偏紧不糯。巴黎中国超市"陈氏兄弟（TANG FRERES）"的柿子比较接近北京柿，溜儿圆，色艳橘，汁多肉嫩甜如蜜。

秋天，南国廿四桥的明月，钱塘江秋潮，以及普陀山凉雾，都比不过京郊山野铺满柿树的深厚和妖娆，中国的秋韵，非要在北方、非得有柿树才感受得彻底。

年末，西单东来顺。入大宅院，上二楼，就座，一长溜儿落地玻璃渐次明晰着窗外几间灰砖瓦房，屋顶上，直愣愣蹿出棵五米高柿树，十来只红柿悬系于枯枝，阳光一照，美艳妖冶，任狂风乱作，依然顽强挂树。

一边是热气腾腾的羊肉锅，一边是院落柿树耸立悬霜照采，如灯笼满枝，张灯结彩，吉祥喜悦，为万木凋敝的季节奉上火红的热烈！

火锅，由此，越吃越热。

柿树高大豪迈，柿果圆硕形同如意，"柿""事"谐音，收得"事事如意"。

你好！柿树！

赶 集

一

赶集。久远的概念。

现代人赶集吗?

集市,早已在城镇化建设中,从语笑喧阗的露天市场演变成沉闷的室内超市。

集市,超市,一字之差,"市"竟截然不同。中国本无超市,以前,农村有市集和杂货铺,城市有露天菜场、副食店,规模稍大的城市有百货商店,名气最大的是王府井百货大楼,当年外地人来京都奔这家"新中国第一店",改革开放前,它是中国时尚和美食最闪亮的符号。

小时候赶集是个大事儿,父亲蹬着二八大杠,我坐前梁,母亲在后座,跟网上疯转的 70 年代的老照片一样。抵集市,我直奔糖果摊:两轮推车上铺满麦芽糖和黄豆酥,一窝子小人儿密密麻麻,手攥钢镚儿连笑带喊起着哄往前挤,买到了,再使出吃奶力气从水泄不通的人堆里向外拱,这一挤一拱,成了哄闹嬉笑的游戏。

我爆发力好很快挤到车前,手里攥的两个五分塞给老大爷,换来二十块豆酥,转身,冲出人群,急速打开,几分钟风卷残云连包装纸都添净。

那是怎样一种香甜清扬的味道啊,餐食单调、吃肉凭票的年代,集市五花八门的甜品奢侈了整场童年。

那边街角,一堆孩子,屏住呼吸,看白胡子老头儿操纵黑葫芦铁锅,

集市吃喝　　　　　　　　　　　　　　　　　　　　　　Issigeac 集市

右手摇鼓风机，左手摇锅，玉米粒随着一声"砰"响，神奇地摇成爆米花，小观众一阵狂笑，释放快乐。

不换装不喘气，老头儿继续下个节目，用大勺把砂糖扎进竹筒，然后慢慢变成一团团雪白的"棉花糖"，戏法实在好看。曾经，多少双眼睛紧盯这位年迈的魔术大师？他的魔幻表演迷幻了几代人的童年？

露天集市，男人，女人，老人，孩童，拥塞在蜿蜒的长街上，像盘亘城垣的长龙，徐徐涌动、向前。

大叔大婶儿遇到，列数各自家中不爱学习的孩子，年轻妈妈扯嗓门儿吼着撒丫子跑开的幼儿，青春期男女，一前一后，拉开距离，东瞅西瞧，趁人不注意手拉手紧着亲热。

故乡小镇，窄街老巷，商市发达，村民，从四面赶着车马，驮着自留地的农产品，载着扬鞭十里的英武，带着远近的风土和方言，驮载出你来我往的交易大流畅！这里，留驻我追逐的脚步，鸡飞狗跳、羊咩马嘶、妇喊幼闹，商贩吆喝，顾客讨价，你推我拥，完全契合我爱耍爱疯爱吃的秉性。

集市，忽然一天退场。购物中心拔地而起，挤走脏乱却撑起世代民生的露天菜场，鱼市、花市、鸟市、古玩市也被逼入室内交易，人类敞亮地带的原始尘嚣在城市规划中泯灭。

<h1 style="text-align:center">二</h1>

在新鲁汶大学，我与渐行渐远的露天集市不期而遇。

新生入学第二天，中国学生会主席来找我去赶集。赶集？大学还有集市？

他拉上我，"新鲁汶每周二都有集市，走，一起去看。"

穿树林进入大学广场，便一脚跨进集市，蔬果、肉食、书籍、衣帽，围筑起一间久违的露天市场。拥挤的人流，明亮的笑脸，热诚的问好，古老校园漫不经心拥有的市井生态，让我莫名亲切，恍若置身家乡，重新捡拾生命中业已退去、储存过太多欢乐的童年集市。

我周二必来，中国学生全在这儿统一亮相，亚洲面孔、大白菜、汉语，在欧洲校园集市构成热闹的"中国空间"。

在这儿，我买到人生的首瓶橄榄油，第一次吃到青色和褐色的腌制橄榄。之后我特意跑到希腊的种植园，近距离观察橄榄树的形态：树干粗糙、盘曲，叶子正面阴绿，背部青白，呈不透明蜡质感，确切说，橄榄树不及想象中美好，不具橡树震天撼地的遒劲，而当地出售的橄榄木做成的砧板、汤勺和铲子，其木质粗犷的纹脉集合了原木爱好者的所有审美，朴质不失豪宕。

在当地集市，我淘到一瓶希腊古方有机橄榄油，瓶下部呈方形，瓶颈细长，朴拙的油瓶，很容易想到远古烟火，阐释生命与粮食的亲密。

<h1 style="text-align:center">三</h1>

无论到哪儿，我先看集市，从西班牙格林纳达到日本北海道的小樽。三十多年前首次到巴黎，一猛子先扎到巴士底监狱菜场，在缤纷果蔬的挑选中梳理法国大革命脉络。

我逛过巴黎圣·图安跳蚤市场，出售老家具、老古董的两千多个摊位，在东方韵律和新古典风格的切换中，解读融雕刻、镶嵌为一体的家居产业发展。

路易·勒比拿广场的花鸟集市，有着北京天桥鸟市的规模，日出嫣香起，天地间，鸟语作春声，成百上千有资格进市的"净口"鸟，以及如醉汉演说、语无伦次的"乱口"鸟，莺歌燕舞玩转巴黎清晨。

吃吃喝喝，推推嚷嚷，人情、烟火、绅士、阔太，拉琴的专注，扮小丑的东蹿西跳，市井的巴黎，滑稽又可爱。

一九旬老太夹在人流中，"集市杂乱拥挤何必凑这热闹？"我表示关切。

"嘿这才是生活（c'est la vie quoi）！"她脱口而出，还加了叹词 quoi，强调对集市特殊的感情。一句简单的"这就是生活"，溶解一切的鸡零狗碎。

巴黎各城区每天有各自的市集，早七点开市，下午一点罢市，棚架不固定，每天搭好了拆，拆好了搭，日复一日，年复一年，不嫌麻烦，也算是巴黎一绝，三百多年的传统集市，原汁原味地融入现代都市的生活节奏。

在城市赶集的体验很特别，一边是塞纳河水湍流，老石建筑肃然矗立，一边是露天市场，人欢马嘶市井泛滥。偶尔，行至塞纳河旧书市，我等煮妇也瞬间精神抖擞秒变文化人。那些固定在岸的铁皮箱，统一的尺寸，统一刷成绿色，像一节节火车车厢驰骋大河两岸，载着历史上各色文人的传世诗文，供后人吟诵，叹为观止。

河岸书商为我示范书箱功能：铁盖打开上翻成顶棚，可以遮风挡雨，收摊时翻下铁盖，上锁，箱内书刊不必每天搬回家。

我买了于勒·凡尔纳的《海底两万里》，19 世纪 Hetzel 出版集团版本（Editions Hetzel）。掌柜的告诉我，Hetzel 死后葬在蒙帕纳斯墓园，莫泊桑、萨特、希拉克都在那儿。这里还出售中文书和"文革"邮票，中国 70 年代的工农商学兵占据着塞纳河的"股份"。

河岸扎堆的不是一般意义的商人，五百年祖上传下的地摊生意，早就

进村赶集

定下规模，不会穷，也不会富，只想坚守集市文化，只因喜欢与大河为伍。

塞纳河是世界唯一流淌在书箱间的河流，某个角度看过去，绿色铁皮书箱间或遮挡了眺望塞纳河的视线，但并不妨碍联合国教科文组织赏鉴的目光，书市最终纳入世界文化遗产，塞纳河与书商，功不可没。

书商锁箱打烊，我问他也乘地铁吗？

他指向河面，"喏，我就住在那艘白色的船上。"向河而生，栖居于船，劳作于岸。

塞纳河漂着许多船，住着"智者乐水"的船上人家，舱内设施一应俱全和公寓无异，不一样的，是四季河景。

四

逛跳蚤市场？多土，又脏又乱，没钱人才去呢。

法国是跳蚤集市老大，19世纪，老百姓习惯把老旧衣物抖落到街上去卖，陈年旧货难免藏着跳蚤虱子，集市就直接挂了这个名字。

两百多年过去，此类集市始终植根民间，大大小小的城镇看不到几个人影，却到处铺散着兴隆的跳蚤市场，祖母的橱柜、太爷的量酒杯、大舅三姑的铜碗银勺，统统从家里搬到阳光下晾晒。

买者，晒着八月的阳光，吸着地气，转着，选着，砍着；卖者，掏出自带的饭盒边吃边张罗生意，有的还支起小木桌，家人围坐，倒上葡萄酒，摆上自家秘制鹅肝、奶酪，这景象，太通俗。

做生意？还是全家老小集体出游野餐？不像买卖人，做大做小无所谓，但要出来让身体和灵魂见阳光，顺便赚点零花钱，还把持了"跳蚤"民俗的主题。

法国市集名目繁杂，大蒜节、南瓜节、葡萄节、火腿节，诺曼底还有各种奶酪节。波尔多红酒节筹备组负责人 Alexandre 表示，了解法国的最佳途径就是赶集，比看书读名著和上网恶补来得都快。他的观点好帅："玩转法国集市和由集市拓展开来的节日，便把住了法国农业大国的经脉。"

波尔多Coutras村的"邻居节"堪称另类集市，不大的村落窝在起伏的葡园之间，狭窄的街道支起十几张原木桌椅，围起可爱的就餐空间。当日，通往Coutras的各条乡村马路上演罕有的风驰电掣，周边村民蜂拥前往，小伙子帅，大姑娘靓，八旬老头儿西装革履油头粉面，七旬老太浓妆艳抹几分妖娆，正儿八经把"邻居节"当成了赶集，神采飞扬，前呼后拥，天空下，长谈阔论，海说神聊。

这是一个聚合、赶集的平台，更是展示个人精气神儿的舞台。

村长Pascal热情洋溢，"本村人和外村人，大家都是这里的主人。"他还用了谚语，"世界很小，只有山碰不到。"

五

波尔多以东一百公里的Issigeac，一个小到地图上都找不到名字的村庄，凭借悠久的篮筐节名扬远近，上百种藤条、麦秸、玉米秸等生态材料编成的篮筐，还原19世纪农耕时代。

欧洲一直沿用藤制篮筐，婴儿用篮筐提，猫咪生病装筐送医院，面包奶酪红酒置篮上桌，老百姓挎篮购物，默克尔携夫买菜提的也是这篮子，"朴素总理"从篮筐中脱颖而出，篮筐是草根文化，也是政治家的"道具"。

我的赶集经历多半发生在Issigeac，就奔着那口儿葡萄烤鹌鹑，巨型电烤箱上，上百只鸡和鹌鹑倒挂烤杆，滋啦流油，热气蒸腾，挥发着葡萄的清甜香味，这是当地的风味名吃，写成"cailles aux raisins"（葡萄烤鹌鹑）。

伙计是位中年汉子，手持火钳熟练翻动，至焦黄，取下，牛皮纸里一卷，递给顾客，很飒。这些年他一直在，终于有一次他认出我，冷面脸瞬现稀有笑容。

"你好，还是鹌鹑四只？撒辣椒粉？"

这是个赶场的男人，从这间集市到下一间，从此村到彼村，赶了半辈子，对集市的原始热情间或在日复一日的操劳中消耗殆尽。而面对老顾客，他还是给出了笑脸。他叫 Jean-Louis，Issigeac 集市烤禽类老板，鹌鹑销得快，他总会特意留四只给我。

紧挨烤肉摊就是酒吧露天座，一群英国人，一片一片撕着酥嫩的鹌鹑肉，喝着加冰啤酒，操着英腔英调，萨克斯助兴，长胡子老人吹响《斯卡布罗集市》。

> 你要去斯卡布罗集市吗？
> 请代我问候他，
> 他曾是我的真爱。
> 请他为我找一亩地，
> 在海水和海岸之间……
> 请他用皮制镰刀收割庄稼，
> 鼠尾草、迷迭香和百里香
> ……

五线谱上的斯卡布罗，英格兰北部小镇，中世纪英商浩荡，万事亨通，后遭遇战争叫停，而由集市生发的憧憬和平、热爱生命的梦想还在。

每年，花大把时间逛各地集市赶花式大集，相遇而笑，返璞归真，慵懒的生命飞扬，狭隘的胸襟宽阔。

去年，北京东北三环花园路露天市场，以皑皑大雪作背景，以本地大白菜为道具，圆了一场我的都市赶集梦。

赶集，成百上千的人，忘记身份、姓名，忘记昨天和明天，摩肩接踵，实在壮观。

光荣大撤退

　　向北，沼泽地上，英、法、比三面国旗迎风飞扬，一座红砖水泥建筑，狭长地自南向北一字排开，门楣上，灰色铁板几行小字：

　　　　敦刻尔克博物馆
　　　　1940 年
　　　　代号"发动机"军事行动
　　　　（Musée Dunkerque
　　　　1940 Opération Dynamo）

　　这座敦刻尔克海防要塞遗址建于 19 世纪末，1940 年 5 月大撤退战役，曾作过法国海陆军指挥总部，英、法、比三十四万大军冲破纳粹防线，从这里成功撤退至英国。

　　这间并不起眼、前不着村后不着店的博物馆，由老兵民间协会经营，集纳大撤退遗存的军事武装设备、战甲和战役史。门票 2.5 欧元，学生老者免费，不赚钱，只为缅怀纪念，警醒人类不再自相残杀。

　　进馆，通道幽深，坦克、摩托车、装甲车依次排列，有的漆成崭新，有的千疮百孔弹痕遍布，那辆威猛霸气的履带坦克车，让人想到二战中能推倒森林大树继续前进的移动堡垒。如此强悍的作战武器，直面时竟生出莫名恐惧。

　　橱窗中悬挂冲锋枪、皮质子弹袋、钢盔、防水镜，以及有红十字标识的白色钢盔。

为什么钢盔不是绿色？

"这是当年野战军医和护士的专用钢盔，白色为避免被敌人攻打，军医原则上不在射杀之列。"看展的英国老人告诉我。

几只船舵随意靠墙放，这些艺术造型的木船方向盘，曾精准定向千只船舶，成功运载三十四万被德军围困在敦刻尔克的英法士兵。

三十四万，不是数字，是骁勇善战的精兵悍将！

墙上几十幅黑白照片记录着撤退时刻：迎着德军地空双重夹击，千艘船只浩荡挺进敦刻尔克，驳船、拖船、货船、客轮、渔船、私人游艇挥军出海，军事家称，"英格兰和法兰西所有能漂浮的东西全都去了敦刻尔克。"

银行家、牙医、出租司机、渔夫、码头工人、童子军、白发老人倾巢出动，身穿破洞毛衣，脚蹬裂缝胶鞋，在海水、雨水和寒风中，饥肠辘辘。没有武装、没有护航，勇敢的掌舵人在枪林弹雨中豁命前行，明知地狱也向前。

心揣一个信念：解救四十万盟军，保存有生力量！

三十四万将士成功撤离，余下的七万被俘、死伤，或在撤退船上被炮火击沉葬身大海。

这里，也有盟军大兵镇定自若地啃苹果，修胡子，钓鱼，平静等待部队登船。他们鱼贯列队，大半身浸于冰冷海水，不慌乱、不争抢，表现出"泰坦尼克"海难中的绅士礼让。

历史影像，哀氛回绕，还原一幕幕悲壮、无情、真实地撕开战争的惨烈。

那张 1940 年 6 月 5 日发行的英国《每日镜报》，泛黄纸页上，黑色大标题"We never surrender"清晰醒目。大撤退后，丘吉尔发表了这篇《我们绝不投降》的著名演说，鼓舞撤退官兵士气，使得他们成为日后反攻作

敦刻尔克"盟军海滩"纪念墙

敦刻尔克旧港

战、折戟纳粹夺取二战胜利的骁勇力量。

　　虽撤犹荣！撤退是为更远的前进！

　　我的目光落在那件垂挂的毛呢军大衣上，历经战争和岁月的磨损仍然显示上品羊毛的质感和厚重，收腰垫肩的立体剪裁，还原着脚蹬皮靴男性官兵的挺拔威凛。

英国老人说，裁剪得体的军服能增加军人荣誉感从而无畏冲锋陷阵。

"看你今天穿了比利时军服？"

"为敦刻尔克特意穿的。"我说。

"Joli look（很帅）！"

走出博物馆，径直走向上演敦刻尔克大撤退的盟军海滩（Plage de la digue des Alliés），曾经，从这里，上千艘救援船队竞相出发，驶向对面的英国，几百只不幸遭遇空袭，黑烟翻滚，沉入大海……

海水中，钢盔下的大兵是一个个背影、一张张后脑勺，看不到正脸，然而，每一个都是大义凛然的钢铁战士！对比电影《敦刻尔克》片尾中导演给的唯一的德军背影，一个，是伟岸英雄的背影！另一个，是历史罪人的背影！

这片历经血雨腥风洗礼的辽阔海域，沼泽密布，疾风呼号，曾经的子弹炸裂和空袭轰鸣业已消停，却依然跌宕着生命的悲壮、历史的永恒。

长方形砖石纪念墙面向大海矗立：

> 荣誉纪念法国及盟军在 1940 年 5 月和 6 月敦刻尔克战役中牺牲的飞行员水手和士兵

这是敦刻尔克市政府为大撤退战役四十周年而立，五行法语碑文凹凸大写，简洁凝练，气势如虹，人类最崇高、最深切的缅怀都在这没有标点的语句中愈加凝重。

几米外，一枚石碑托起一帧巨幅老照片，身心俱疲、头顶钢盔的法国军医，或站，或躺沙滩，等待船只救援，下方大字：

> 法国人英国人应向发动机行动致敬！

希特勒原计划与英国谈判而下令停止进攻敦刻尔克的决定，无意中为三十多万英法军人撤退赢得时间，匪夷所思的"军令"是这位战争狂人的昏聩，还是当年历史条件下的"神来之笔"？

三十四万，一个沉甸甸的数字，一支战胜纳粹夺取二战最后胜利的精兵。

走在宽阔的海滨大道，北法建筑群依海伫立，帆船游轮高耸桅杆，致意营救盟军大兵的伟绩。

每年，敦刻尔克战役纪念庆典都在这条滨海大道进行，各路人马挥舞英法国旗，手持鲜花，致敬英雄的城市，致敬二战老兵，致敬那个布尔夏尔，法军第一集团军司令，是他，拒绝后退，率领其麾下五个师拼死抵抗，保证大撤退完美谢幕。

一座宁静的法国北方海滨城市，因着这场战役走入历史，在城市发展的史册上，光荣加上"英雄"两个大字！

在老城，岸边安置了多枚二战遗存的高射炮和火炮，呈仰角状，朝着北海和大不列颠的方向。八十年前，它们在这片土地喷射致命箭雨，洒下暴力铁血，如今，这些铮铮大炮骄傲地扬起炮头，向着天空和大海，颂唱盛世和平的赞歌。

此刻，电影"敦刻尔克"重现，片尾，丘吉尔演说掷地有声：

这次战役我们失利，但我们决不投降，我们将战斗到底，我们将在法国战斗，我们将在海洋上战斗，我们将充满信心在空中战斗！我们将不惜任何代价保卫本土，我们将在海滩上战斗！

七个"我们"的主语，排山倒海。

放下历史浮沉，战火中重生的敦刻尔克——法国第三大港口，擅长美食，世代捕捞，精工造船。每年二月狂欢节抛洒的咸鱼，成为我重来

敦刻尔克战役遗存的高射炮

的理由。

晚霞漫天，告别敦刻尔克。

回眸，余晖中，沉船残骸隐现潮水，海岸线上，那条人造防波堤坝，像一把利剑直插大海，以遒劲的姿态，将史诗级大撤退永恒在天地间！

古刀飒影

一

烹饪者皆爱刀。

我的菜刀"十八子作",不大不小,不轻不重,切菜切肉锋利顺手,坚硬骨头剁下,刀刃刚直不阿,削铁无声。

网店菜刀五花八门,突发奇想下单"十八子作"七把,"王麻子"三把。

货到,精美。试刀,非过重即太轻,手感差,刀把过长,刀把与刀身衔接不流畅,持刀时,手指触钢,冰冷、硌手。

细观网购的"十八子作",刀身 LOGO 很浅,对比我家那把,"十八子作"四个字凹陷刀身,有钢的质感和年代的沉淀,掂着,实诚,用着,飒利生风,新发于硎,能完美挥洒对刀工的激情。

最终只留下一把"王麻子",剩下九把全部退货。友笑我太作,一把菜刀哪儿那么多讲究?不就切个菜,怎么不是切!

那不一样。

我对刀的挑剔近乎苛刻,家里那把二十多年扛住各色刀具诱惑未曾更换的宝刀,颜值高,操作得心应手,它在,灶台忙活有滋味,具情调,即便伏天挥汗如雨也乐此不疲,情趣无限。

小学用的几把折叠刀一直在,七公分长,军绿铁皮壳,当年,横置在长方形铅笔盒里,心中激荡着某种"伪军人"的满足。外科手术刀科技含量大，能操纵人类生命，电影《黑太阳731》日本侵略者的一尺军刀，屠杀无辜，沾满罪恶。

于我，刚柔并济的刀是多年收藏的法国拉吉奥乐（Laguiole）折叠刀。

不藏名画，藏这么男性化的刀？有人不解。刀，岂能草率定义"男性化"？抛开屠杀，刀可以是艺术品。工欲善其事必先利其器，爱酒者必须有把彰显品质的拉吉奥乐酒刀。

买过九把拉吉奥乐，用于削水果和开瓶，刀形如一只大号蜜蜂，刀柄与刀身连接处是蜂头，刀脊铸刻蜜蜂背部纹饰，手柄采用胡桃木或牛骨。可以说，拉吉奥乐刀之魅全仗刀柄的天然材质，橄榄木、黄杨木、乌木，诗情苍老，动物角和牛骨材质通透细腻，呈玉石圆润的质感，良工锻造为刀注入极强的观赏性。

供侍酒师开瓶用的酒刀取名"Best sommeliers"（"最佳侍酒师"刀），系拉吉奥乐工坊为"全球最佳侍酒师"竞赛冠军特制。

那年，"女婿堡"酒庄举办过一场地下酒会，几百只橡木桶横卧在酒窖，中间那溜儿的桶竖着放，上面顺列排开一把把拉吉奥乐酒刀，刀刃闪亮耀眼，刀柄系老橡木，古朴温厚。音乐起，侍酒师列队出场，腰系粗布围裙，左手举瓶，右手持刀，优雅两转，瓶塞出窍，缓慢倾倒，液体垂直而泻，涓然无声。

酒窖，饮酒，赏刀，闲谈，橡木溢香……

圣·艾米利翁酒村出售各种手工缝制的侍酒师专用围裙，我刻意留心了酒刀，一水儿的拉吉奥乐，最华丽的酒刀直接用"grand cru（特级）"命名，刀与酒，成龙配套，格调一致。

慕名执意找到拉吉奥乐村，在中央高原南，四面环山，镇上匠人世代以生产钢具和刀具为生，军刀、酒刀、餐刀，手工锻造，被列为法国国礼，享"牛角加钢铁之护照"美誉。外国元首访法都会收到一把法国总统馈赠的拉吉奥乐，方寸折叠刀，叱咤外交舞台，连接世界，传递友谊。

二

我的玫瑰木拉吉奥乐酒刀，橘粉色，深浅木纹递进有致，刀型温婉刚毅，开瓶轻捷愉悦，一瓶普通餐酒甚至会因名贵酒刀而提升品质。

后来又买了牛骨、牛角、胡桃木等材质刀具，置酒柜，展示刀具沿革和考究的工艺，陈示这一颇具刚性的特殊爱好。

在拉吉奥乐村工坊淘过一把百年老刀，黑胡桃木，纹理粗犷豪放，无裂，无虫蛀，与淬过火的钢身搭配在一起，极具收藏价值。掌柜的老先生介绍"刀刃象征水，刀柄象征土壤，水与土，两种人类赖以生存的要素浓缩于刀，蕴含世代工匠的智慧。"

有军刀吗？

老先生搁下生意带我到刀具博物馆。"当年拿破仑出征南下经过我们村庄时，村民以刀相送，之后他一直在我们这定制军刀。"

平生首次近距离接触战场军刀，被镇住，橱窗中，一米长的军刀，华丽丽，威凛英武，寒光逼人，皮革刀鞘有镀金雕饰和胜利花冠浮雕，柄头是狮，霸气刚毅。

"我多想拥有这样一把刃如秋霜的军刀！"

他笑了："这可是真迹，无价之宝，不赠不售。"

老先生指着拿破仑用过的香槟军刀：每次凯旋庆功，拿破仑挥舞军刀连同香槟木塞和酒瓶一起劈开，气氛炽热，然后抛下那句"香槟是胜战庆祝佳品，也是战败疗伤神药"。

"此款香槟军刀是酒友最热门的收藏。"

博物馆极品，只能仰望，喝彩过后，一声叹息。

名不见经传的山村，因制作刀具进入世人视野，融入游人纷至沓来的脚步，耀示远年工匠遗风。最真切的法兰西文明永远不在都市，在隐秘的乡村，好比我长久蜗居北京，江河湖海，山长水阔，我的祖国，我走过多少？怎能说身在首都便读懂了中国全部，理清了五千年华夏文明的经络？

三

法国奢侈品品牌无数，拉吉奥乐刀具也在其列，工匠的设计、切割、雕刻和锻造，兼历史、工艺、军事和文化于一身，将刀的功能与美感演绎到极致。

巴黎玛德兰广场附近有家拉吉奥乐专卖店，各色刀具优雅地悬挂于玻璃橱窗，行人驻足观赏，声声惊叹。

进入店内，五花八门你想不到的刀一应俱全，军刀、酒刀、水果刀、牧羊人刀，俨然一座刀具博物馆。一把普通刀售价在一百三到二百欧元之间，那些用凡尔赛宫二百年树龄的杜松树制作的珍藏级酒刀皆为限量版，标价千欧元以上。每次在店磨叨，不买一把难以出门，那些上千欧元的刀具太魅惑，却只有望刀兴叹的份儿。

有人说我叶公好龙，不是真正的刀具收藏者。

"听好，收藏要有经济实力的。"有几把作为非专业收藏的刀满足鉴赏兼使用功能还不够吗？

相比瑞士军刀，拉吉奥乐刀具是纯手工锻打，典雅含蓄的造型，考究的纯天然材质，吸聚着世代匠人的灵性和创意。

追根溯源，最先使用此刀的是牧羊人，用作野外防御和放牧时切面包奶酪。午祷和晚祷时间，刀插入地里，刀柄上的六个铜点便构成一枚十字架，牧羊者可以面向这枚"移动祭坛"祷告。

后来，牧羊人走出大山，带着心爱的刀具闯荡巴黎，拉吉奥乐从此连村带刀声名大噪，昔日农者的普通刀具一时成为凡尔赛的宫廷用刀，继而又从王室御用品成为百姓人手一把的家庭用刀，家居、旅行、野餐、驾车，拉吉奥乐身影随处可见，刀之魅，不言而喻。我办公室也有把这刀，不单用来削水果，也为观赏。

　　巴黎圣·路易岛拉吉奥乐刀具旗舰店，几米之外就是大名鼎鼎的爱马仕，刀具身份之贵，不言而喻。

　　一枚物件只有当了解其来历才能喜欢，比如 LV 包，不谙其倚仗旅行箱起家、逐渐壮大成一线奢侈品牌的发家史和文化渊源，背在肩的手袋也只是炫富、装酷。

　　刀，有气势，有故事，有民俗，释放激情，激励生命。

　　古刀寒黯铸千秋，白光纳日月，紫气排斗牛。

死亡喇叭

诺曼底红花小镇（Honfleur）。

信步老街，停在一间杂货铺。

由玻璃门望去，一溜儿菌类货架排开，与五彩蔬果拥在一起，层叠有致，如梵高静物。

走进去。取几颗黑蘑凑近鼻下，有股别致的土香。

男店员走来，高大俊朗，腰系围裙。

"需要帮忙吗？"

"这蘑菇好黑，名字也怪。"

"嗯，蘑菇形如喇叭，又呈黑色，就叫了'死亡喇叭'（trompettes de la mort）。"他答。

"名字不吉利诶。"

"但味道好，下锅随便炒下，极鲜。"

他称了一斤给我，装入牛皮纸袋，早年装糖果用的那种，土黄色，老旧粗糙，复古又环保。

我们继续名字话题。

我强调在中国，公司、个人或食品起名，首先字必吉利，其次音节有韵，有"死亡"字样的食品再好吃都卖不动。

他抿嘴一笑，"死亡喇叭"是祖上就叫下来的，不犯忌讳。"就好比我们这里的墓地，村子再小也要给墓园留出充足地盘，种草植花修筑雕塑，打造逝者居住的文化氛围，形成亡者强大、不可一世的阵势。"

我补充说:"中国地方小吃的名字其实也不全是中规中矩,比如'狗屎糖'"。

他笑得开放。

我又顺手抓起几片黄鸡油菌,"这菇的名字就很好,Chanterelle,以'歌唱'开头,喜庆,顿挫抑扬,不吉利都不成。"

"Chanterelle 的意思是长颈酒杯,跟'歌唱'无关,因菇形似酒杯得名。"

下班高峰,顾客越来越多,我让赶紧去招呼,他说"有妹妹照应"。

话匣子打开,话题拉长,诺曼底海港小镇,承接着一场有关东西方"死亡"的辩论,两个不同文化背景的人,忽略桅杆林立,海浪闪耀,放弃海边渔市和鱼汤,甘愿封闭在家庭杂货铺,高谈美食,阔论人生。像不像古希腊雅典的市民集会"agora"?

店老板对"死亡喇叭"不吉利的理由刨根问底。

某种程度上讲,中国文化精髓包含一种热闹和大场面,一些省区婚丧嫁娶都有喇叭的元素,逢喜事,喇叭声欢庆激昂,遇发丧,喇叭低沉哀叹,驱鬼辟邪,超度故人。"因此死亡喇叭用于亡者。"

红花镇雕塑——拾贝女

店老板接话："我在巴黎看过中国春节巡游，喇叭高亢热烈，震天撼地。"

我纠正那是唢呐。

轮到他论述死亡。"我们不规避也不忌讳死亡，这可能源自信仰。"欧洲有"向死而生"的文化传统，比如教堂的十字架就是死亡的符号。

这是一个博学的杂货店老板。他列举存在主义作家加缪的三部作品《局外人》《西西弗的神话》和《卡利瓦拉》，"都是以死亡开篇，直面人类必死性来探讨人在这个荒谬世界的生存危机。"

听他不紧不慢论宗教谈死亡，逐渐拉开着诺曼底与巴黎的精神距离，一座偏远小城，有人在信仰，内心纯粹，满怀希望。

店外，海阔天高，海鸥飞掠。

转身，见顾客已拉成一纵队，或听，或等，无人烦躁。我赶紧声明这不是公开讲话，是与店老板之间的私下探讨，耽搁了顾客的时间。

前排一位老先生接下：不浪费时间，死亡很有说头，这是最能梳理东西方文明走向的主题。

告辞，走出杂货铺。兄妹二人："再见，期待下次继续讨论死亡。"甩

Honfleur 的夏天

红花小镇

在身后。

　　日暗沉，云飞渡，海水翻腾汩汩海腥，深呼吸，久违的，湿漉漉的大海……

　　经过老码头，石头垒筑的矮墙围子，坐着三三两两发呆的人，有从巴黎赶来观海的看客，也有镇上居民，无所事事，知足常乐。小镇的日子，就这样，安闲自得，无聊又逍遥。

　　前方，海湾处，聚合起或大或小的木船，从桅杆缝隙，我依稀望见塞纳河的水面，没有波澜。

我第一次看到如此平静的塞纳河。穿过巴黎市区一直向北，塞纳河总是漩涡急流惊险而下，使得雍容的巴黎显得过于急躁和莽撞，与汇入诺曼底河段的这片平缓水面构成两种完全不同的"一急一静"的大河生态。

我在想，诺曼底这方战事频发的土地，连河流也缓慢，唯恐惊扰长眠于此的二战英魂。

许多城市，因忙碌奔波而魂不守舍，红花镇则刚好，不闲不忙，安于静晤，适合谈论死亡。

每次来小镇，直奔海边，观捕捞，吃海鲜，逛集市，阳光折射，水光潋滟，确切说，这不是我期待的海，过于光芒、耀眼、缺乏内涵。

而，今日正好，海静谧，云压雁低飞，日暗见渔灯。灰色海面，神秘而未知，适宜白日做梦。

未能参与塞纳河与衣袖海峡在此汇合浩荡出北部苍茫跌宕的海上奇观，杂货铺"死亡喇叭"的意外收获，叠加了我重返诺曼底的另一份理由。死亡喇叭不是丧钟，是食品，是文化，更是诺曼底历史厚度的另一番陈示。

返程，疾驰在诺曼底平原公路，向南，朝巴黎方向。

爆炒"死亡喇叭"，清蒸北海蟹，佐诺曼底苹果酒，在电视大屏幕上回放今日影像，看红花镇拾贝女凝铸在石雕间，带着海的气息，传递沸腾的生命。

此文落笔，红花镇的冬天已踏入二月。春，挟持湿冷的余寒，纷至沓来。蓦然记起，诺曼底二战烈士墓园的春草，正勃然生发……

诺曼底不可轻易提及，文未定，心，已在奥马哈海滩，那片常年葱郁的美军公墓，辽阔平坦，面向大海，朝着美利坚的方向，鲜花盛开；汉白玉十字架浩荡矗立，万名登陆将士长眠于此，万古不朽，生生不息……

诺曼底气质，由死亡喇叭、苹果酒及无数英雄的大名共同擎起！

烟瘴之地，敞亮开阔，正气浩然。

偷　粉

　　火车朝奈良行进。

　　车窗外，三月水清，花笑春风。

　　倏！一簇簇粉色掠过，由远拉近，再从近推远，推出两行樱花树，铺天盖地，沿溪川两岸纵向排开。

　　快看，这是哪儿？

　　话音未落，嗖，比光还快，樱花树一闪而过。

　　左顾右盼寻列车员，未果。询乘客，白纸一张的日语如何开口？说英语？这样的经历在日本太多，每次以双方互相听不懂收场，然后在无数"对不起"和无数感动的鞠躬中各自扬长离去。

　　下车，随人流直奔世界遗产春日大社。

　　我看到这样的数字：

　　奈良，人口三十六万，面积二百八十平方公里，世界遗产八处，京都十七处，两座城市相距五十公里，世界遗产相加总计二十五！

　　穿城向北，邂逅驯鹿，随即进入森严的神社大道，凝重的气氛与之前嫣然笑媚的樱花树构成巨大反差。

　　寻春而来，我要看花！当即回转，拦到一辆计程车。

　　去哪儿？一时卡住说不出准确地名，于是向司机描述看见的樱花和溪流。

　　瞬间，他似乎完全听懂，脱口而出流利的日本英语"sakura river"？

　　嗯！就是它！

京都樱花河

"Sakura river, sakura river！"我重复了两遍。樱——花——河，光名字都醉了。

一条宽约六米的溪流，自南向北倾泻而来，古老樱花树，以苍劲古拙的姿态屹立两岸，浩浩然，撑起团团锦绣簇、繁英放满枝的自然景观。

一路走来，沉醉过京都樱花大道，惊叹过岚山春樱之魅，却尚未与此番盎然的粉色相遇。百年花树，顺河心方向，舒展枝杈，雍容地拥簇在一起，构成樱花河以远山为背景、十里樱花十里尘的粉红奇观。

花树粗硕，仰头赏，蜜蜂飞花丛，留一树嬉笑。正午，阳光洒下，满树樱花盛开，风吹过，落英缤纷飘散水面，伴溪水轰鸣，奔涌远山……

我在想，教科文组织官员是否来过三月的奈良？或者，眼中只有神社而错过了如此曼妙的申遗宝地？

樱花时节岂止是春的勃发，更变奏出花团锦簇的和服季，没有哪个地域的春装抵得过和服的华丽、雍容，男女老少结伴出行赏花，碎步款款，仪态妖娆，谈笑人生，天空之下，人与大地同辉。

循樱花河向北，抵山脚，顿时，恍若身临鲁迅笔下"东京上野樱花烂漫如绯红轻云"的宏大中，我，仿佛正与少年村上春树擦肩而过，他从寿司店走出，沿樱花河跑来……两岸野趣盎然的樱树，坚实了一位伟大作家灵魂的根基。只是，村上春树沿河奔跑的樱花河不在奈良，在大阪，在夙川大道。

东瀛之樱，大都顺河生长，或樱花河，或樱花大道，皆与"川"关联。

前年四月在巴黎"索园"（parc de Sceaux）寻樱，园中种植了一小片日本河津樱，因西半球地理人文环境的异同，巴黎樱花，从色彩到规模，完全不具日本本土樱花的美艳和浩瀚。缺乏和服男女的陪衬，少了溪川的浸润，樱花树在陌生土地突兀而立，何寻东瀛樱种自由不羁的野性？东方气质何在？

此种东方气质便是坚韧之品质，仅七日短暂的生命，也要竭尽全力为

京都樱花雨

时节绽放。

　　巴黎很是用心，为安顿旅法日本人的故乡情，每年四月下旬举办"赏樱节"，并直接用了日语"Hanami"，意为"赏樱并在樱树下欢庆"（contempler les fleurs et faire la fête sous les cerisiers）。我采访过一次，到场后，向举办方提出能否将樱花节改在三月，眼下四月末樱花芳菲殆尽。

　　看樱花，还是要去奈良！

　　曾经，三月奈良的傍晚，潜入岸边居酒屋，临窗落座。老板娘，日语招呼，嗲声嗲气，端着当地酿制的樱花酒，透明玻璃瓶浮着樱花，倒入酒杯，再添几片鲜樱。

老板娘说，这瓶一百八十毫升的樱花酒是樱花季的免费赠送。

端起，入口，樱花清酒，落英飞扬。

奈良三月的夜晚，金钗沽酒醉余春。

奈良丰厚的世界遗产吸引各方游人，作为采访过世界遗产大会的记者，对"世界遗产"敏感又亲切。

2004 年，苏州第二十八届世遗会，联合国教科文组织匈牙利官员格鲁诺，在苏州国际会议中心走廊的楼梯接受采访。他操着巴黎腔法语祝贺中国成功申遗，分享匈牙利保护世界遗产的经验，讲述多瑙河流经布达佩斯沿岸的华美。

这是记者生涯中一次最随意、最激情的采访，访者与被访者，一个中国人，一个匈牙利人，坐在会议中心的水泥板楼梯上，无程式客套，无官腔官话，说着长江长城，扯着多瑙河及沿岸的古堡……

那次对话焕发了我对布达佩斯无数的幻想和期待。

"欢迎中国记者到访布达佩斯，记住，我将是你最忠实的向导。"他递来名片，强调提前告知行程以防他出差不在。

格鲁诺，匈牙利联合国官员，风华正茂、热情奔放，倾力文化遗产保护。

采访结束，他满怀深情：布达佩斯段的多瑙河偷走了世间最美的风景，此生你一定要来。

我始终未踏上匈牙利国土一览多瑙河以怎样的方式独霸人间最美风物。

十四年后，我在东瀛游荡……

三月，亚洲，一个名为日本的岛国，偷走了世间所有的粉色。

鞭丝车影匆匆去，十里樱花十里尘。

军　服

一

敦刻尔克战事馆，褐绿色毛呢军装前，我看了很久，庄重，挺括，收腰垫肩，隐现男性官兵的英武。

喜欢大衣，只因它们最初是军服。事实上，无论样式、材质如何演变，所有大衣从没与战争脱过干系。一战时，英国巴宝莉（Burberry）就推出军队用长外套，倒三角形，上窄下宽，英气、酷飒，很快被指定为英军战服，防寒保暖，适用壕沟交锋。

许多二战电影，抛开战争的残酷，我痴傻欣赏过军人的军装，军官们冰冷刻板的面孔在戎装夹持下愈发威厉，透着钢铁男人的冷酷风骨。主营男女服装的德国奢侈品品牌雨果博斯（Hugo Boss），当年就是靠生产军大衣发家致富逐渐壮大起来的。

雨果博斯军大衣，毛料厚重，裁剪立体，翻领开阔，肩章闪亮，加之军队特有的褐绿色，引领过名噪一时的军队时尚。

北京东方新天地有雨果博斯旗舰店，观其所有服装设计，从颜色到裁剪都包含硬朗的军人元素，极致的素简打造品牌英武的军风，男装和女装，打眼看上去并不出挑，一上身，件件有型有范。我有几件雨果博斯的连衣裙，极简的裁剪隐秘军人的刚性，上身后有明显军服的立体感，许多人并不知道裙子的牌子，却一致说裙子看上去柔中带刚颇显品质。

比利时《A》先锋时装杂志总编马赫缇娜女士接受采访时说，德国军大衣设计在欧洲独树一帜，威武戎装激励作战者义无反顾赴汤蹈火为德意志而战，时尚中暗藏冷峻的威凛。

雨果博斯军大衣包含了德意志的严谨和绝对服从，之后发展起来的英格兰各种风格的大衣，甚至巴宝莉（Burberry）和保罗史密斯（Paul Smith）这些大牌都难以超越。很难想象，裁剪前卫、八面威风的大衣居然与战争纠结在一起，高贵的大衣，本该用于和平年代人类展示美丽，绽放优雅，怎么可以穿着上战场赴汤蹈火？

后来出现的大翻领、收腰、单排纽、双排扣的各式大衣、风衣，都吸纳了戎装元素，还把代表军人级别的两枚肩章做成与衣料同色，褪去烟瘴痕迹，英朗中融入现代时尚，备受追崇。

二

新年，友人邀我去巴黎歌剧院，刻意叮嘱穿黑色大衣以示正式。19 世纪作家写过披毛呢长外套出入歌剧院的形色男女，在巴洛克金碧辉煌的穹顶下，绅士小姐鱼贯而行，男士风流，女士妖娆，名义听歌剧，实为一场时装秀。

这里也是巴黎"最庸俗的爱情角"，富家子弟穿燕尾服在歌剧院门口与姑娘约会，后来为追求身体舒展自由，改穿更保暖的大衣赴约。曾经英国马车夫穿的燕尾服演变成登堂入室的社交礼服，也算是服装界不大不小的革命。

休闲款式的双盘牛角扣大衣，曾是比利时安特卫普渔民在北海雨雪中捕捞的御寒服，二战时被指定为英国海军制服，到二十世纪六七十年代，牛角扣大衣华丽变身，荣升巴黎左岸共产主义愤青以及常春藤学府学生人手一件的标配。穿着比利时买的牛角扣羊毛大衣，我走过北海道和诺曼底冬天的海岸，体验航海人在阴郁天象中的狂放。

诺曼底美军公墓周边有不少军服专卖店，货品有新有旧，旧的系退役军人脱下的，无破损，为不浪费资源收回来再出售给军服爱好者，我挨个转遍，试图寻件英气逼人的正宗军大衣，只可惜欧洲尺码普遍偏大，不适合亚洲瘦小体型。

我小时候，大人都靠军绿色棉大衣过冬，里外全棉布，中间絮棉花，男人配"65式陆军军帽"魁梧威猛，女人裹上这身绿，英姿妩媚。曾经觉得国民标配的这身打扮土掉了渣，现在却荣升成时尚单品，军绿色，那么怀旧，臃肿中带着飒气。时尚，风转轮回。

每年的一战、二战纪念日巡游，我会赶去观摩，看各式军服浩大登场，看军衣中一张张威严俊朗的面孔横空出世。那些或高或矮、或年老或年轻的军人，戎装中，霸气威风，气宇轩昂。看一次，兴奋好几天。

米兰、巴黎、北京的时装周为何罕见军服？或许，设计师迟早会在明丽的时装中融入铁甲元素，来一场颠覆传统时尚的服装革命。

三

时装界总有保守人士声称大衣太挑身材，只有高个子长腿的人才能驾驭出美感。

非也。

日本人平均身高值远非翘楚，却能把大衣穿出高贵，抖出神采。日本街巷永远看不到牛仔裤，男士，西裤长外套，女士，从两岁小姐到八十岁老妪，一条裙子，一件大衣，一双裸腿，那是非东亚莫属的街市风景。我拍过东京的上班族，急速流动的男女，清一色的黑制服、黑大衣，太平洋岛国整洁、规范。

在日本，总会颠覆一些老旧的概念，比如美食，比如时尚，纽约、伦敦、米兰引领世界风尚，东京、大阪、名古屋也始终稳步走在潮流前沿。

意大利、法国设计出的服装是用于 T 台走秀的，只需到巴黎以外的城乡便知道老百姓着装有多随意，只有日本，时装才真实地穿在每一位国民的身上，甚至偏僻乡村，随处是妆容精致、装束优雅的出行者，而这份优雅，大半来自大衣。

之后再去日本，我都会带件大衣，不让自己的牛仔裤和小白鞋在异国满街笔挺的长外套中过于土气。

二月，巴黎。八旬老叟，草绿色双排扣羊绒大衣在身，亮黄尖头皮鞋在脚，神清骨秀，昂首阔步，走在阳光铺洒的香街大道，风拂衣角，一米八几大个子老头风流蕴藉，玉树临风，俊逸倜傥。

"年轻时这得帅成啥样！"我叨咕着。

友人说，这是典型的城市猎艳者，香街大道一景，好几百年的传统。

"巴黎总有拨男人，长得标致，不分年龄阶层，都喜欢来香街亮相，以未婚或鳏者众，一来展示自身魅力，二来吸引漂亮女人，这是巴黎式的人文景观，进入过媒体报道和作家的笔底。"

"香街猎艳，只为展示和走秀，顺带拼一场风流，他们不是流氓，行为都在道德范畴内。"友人解释。

假如非说法国人浪漫，唯巴黎香街"猎艳者"有份儿，在世界最美大道，裙裾飞扬，玩一场邂逅，拼一回倜傥，潇洒不枉此生。

远处，几个巴黎女郎，肩披黑衣迎风疾行，脚踝纤细，小腿修长，神秘而性感，在众人注目下，风情万种，"飘"过凯旋门洞。她们身后，走着一对老年夫妇，手挽手，不急不慢，微驼的形体在裁剪得体的大衣中依然秀挺。

巴黎的冬天，看不完的时尚，数不尽的风流。

北京，风起，霾散，单调的冬季街头，起伏着羊绒大衣的质感和温暖。

披上大衣，步行至什刹海。

普罗旺斯葡萄酒学院老师
带我们参观当地赭石场

　　暮色，金瓦，红墙，名票们吊一嗓《借东风》，高亢激昂，唱着古代。他们，眉眼嘴角，笑意粲然，一水儿的军绿色棉大衣，延续着皇城根有记忆、有传承的时尚链。

　　此刻，古老和现代，安顿在护城河上，硬朗的城市，有些神秘。

奔跑吧，拖拉机！

一

去年无意撞见农民驾驶拖拉机浩荡开进巴黎占领香街，狭窄街巷挤满巨型轮胎充斥世俗笑闹，中世纪老城，很有看头。

这是为抵制欧盟国际贸易协定影响农业者生计举行的拖拉机示威游行。

凯旋门每天上演豪车呼啸碾过老石大道，轮胎与坑洼不平路面摩擦制造的声响似野狼嗥叫，有种霸气的震慑。而几百辆高配置的现代四轮拖拉机成群结队挺进城市的阵势并不多见，场面之庞大，颇具二战美军坦克解放巴黎的气势。

鲜有人还关注拖拉机，减少噪音降低污染的行动，迫使拖拉机率先实施了世界范围的全体大撤退，本已"卑微"的拖拉机从此淡出公众视野。

拖拉机是俄语音译，1958 年中国诞生首辆"东方红"拖拉机，出厂时，红花彩绸，敲锣舞旗，欢天喜地。"东方红"是苏联"德特"机器的翻版，为中国实现农业机械化、解决老百姓吃饭立下汗马功劳。

苏联还拍过拖拉机驾驶员的电影，讲述农耕女如何成为二战反法西斯英雄，世人眼中"其貌不扬"的拖拉机与英雄并驾齐驱。

那年采访西非六国，面对喀麦隆、几内亚、加纳等国家首都跑着突突冒黑烟的手扶拖拉机，竟生出一种回归农耕的亲切感，它们在当地既跑运输也充当出行工具，经常看到拖拉机后斗塞满乘客，挤不上去的追车小跑，纵身一跃扒住车梆，两脚离地，瞬间，扒车成功！

同行记者说这也太落后太危险了吧！而我觉得，这，才是生命的高光时刻。

二

与波尔多酒农同吃同住同劳动，最真实的收获不是观摩酿制、学习品鉴，也非操作整枝和病虫防治，而是前所未有地看到，花式拖拉机肆意奔跑葡园大地，轰轰烈烈、气血饱满地展示原始动力。

高配置、数控精准的拖拉机，在耕种、除草、葡萄采摘系列农事中大显身手，除酿制贵腐酒的葡萄必须手采，葡萄园从埋苗到收获的所有工作均由拖拉机来完成。它们穿梭田圃，气势压人，呼应灵活，左右逢源，构成葡萄酒产区的农业大景观。

Ribagnac 村酒农 Sacha 说："相比老款，现代农用机的抗震性和封闭性更完善，你看，我在驾驶舱喷洒农药非常安全，闻不到一点气味。"他坐在两米高的拖拉机驾驶室，要踮脚仰视与他对话。

我拍过他傍晚的一段视频，画面上，Sacha 驾驶拖拉机，疾驰在晚霞铺洒的葡园，金色和绿色变换着光影浓淡，好似上帝投下的光芒。

麦收季行驶于农村公路，总会为载着两人多高麦草垛的拖拉机让道，还不能超车，只能尾随等它改道后再加速，无人按喇叭，无人抢先，以避免重载车右让而发生侧翻。

无条件礼让拖拉机，是全社会对农者的尊重，对劳动的尊崇，农民优先，农民特权，约定俗成，成为气候。做这里的酒农，光荣又幸福。

十月，拖拉机的参与让收获的季节充满风情，在 Soulbarède 村的李子园，园主女儿亲自操纵老式敞篷拖拉机，采摘、运输，往来穿梭，颠簸的

农用机奔驰葡园

麦秸堆起
的拖拉机

历练使她气定神闲。

每次遇到，她总在车上，嘴角舒展出一脸笑容，突然一脚油门，带出风，飘起红色长发，如舞动的火焰。这款70年代无篷拖拉机仍在当地广泛服役，炫起乡野古风。

每家都更新换代了舒适度好、配置高的拖拉机，而那些饱含生命积淀的老家伙一直留着，这里不兴扔东西，当地农者全是旧物的保存者，是拖拉机历史的捍卫者。穿乡走村，看到农家后院都有间半封闭的大仓库，用来停放淘汰下来的老式机，从50年代至当代，跨越七十年的款式，堆出了不起的拖拉机博物馆。

他们挽留下农业机械化的每个进程，使得被逐渐遗忘的拖拉机，能够深刻而通俗地陈列在天地间。

三

过气的老机器怎甘心终日躲在仓库成为不见天日的古董？每年，它们会被主人开着去参加夏季耕种节，为展示，也为活络发动机避免腐蚀生锈。

耕种节，乡村最盛大的节日，村民载上自家农产品，赶着牛羊猪鸭奔赴集市，各式农用机，声势浩大地拥塞在局促的土路上，排成队递次向镇上进发，沿途村民夹道欢迎，鼓掌加油，致意农业文明的守护者，车水马龙，人欢马叫，欢天喜地闹腾出一个你来我往的拖拉机大展会。

我混入人流，看农用机威风凛凛碾过村庄，随即操车追到集镇，观农耕节"最酷拖拉机"的夺冠实况。

农耕节集市设在中世纪古镇Issigeac，收割后的麦田上，几百辆不同年代不同用途的拖拉机纵横排列接受检阅，橘黄、大红、海蓝、艳绿、军绿，庞大阵场，军风威凛。

　　拖拉机手，穿便装，扣贝雷帽，体阔身健，面膛黝黑，阳光暴晒出的皱纹间秘藏劳作的乐观。他们目光敏锐，潇洒操纵，不刻板不张扬，眉眼嘴角笑意真诚，铮铮风骨。

　　这是一群真正的农者，与城里的法国人迥然有别。

　　奖品仅是象征，旨在为农者提供展示平台，以感谢拖拉机为法国农业机械化付出的努力。策展人 Clovis 颁奖仪式后告诉记者。

　　香槟酒会将农耕节推向欢乐的巅峰，获奖者站在夺冠的拖拉机上，赤膊开启香槟，砰然一声，"气"贯长虹。

　　越老的款式越容易折桂，那种二十世纪四五十年代制造的机器，色艳，敞式驾驶舱，开起来呼呼冒白烟，一派工业革命气概。

　　前年耕种节爆出件憾事，Monsaguel 村民一台 40 年代的雷诺，炫酷的艳黄原漆，马达强劲，参赛前日，老汉兴致盎然驾驶演练，一切指数正常就等拿冠军，第二天一早准备开往集镇参赛时，却怎么也发动不起来，关键时掉了链子。

　　这台老雷诺在当地名气了得，它参赛，冠军非它莫属，而得奖先决条

在农耕
节学开
挖掘机

件是马达要猛，开不动外观再靓也没戏。组委会事后还派人进行了专业检测，显示雷诺的马达确实到了极限，七十年，无论如何也是高寿了。

何不换个马达？回答明确，一切参赛机必须是原装。

在耕种节，我看上一辆履带式拖拉机，油箱前置，发动机居中，敞篷驾驶室置后，车身艳绿，轮子大红，"红配绿臭狗屁"的混搭极富喜感，轮上的钢质链带恍若二战时的"哈诺玛格"战车重现。

机主看出我的兴趣。"这是 20 世纪初的 Deutz 耕种机，爷爷留下的。"

"好帅，从设计到颜色。"我说。

"有眼光！我收集拖拉机，想不想开？那边有辆挖掘机。"

农民大哥开朗、干练，喜欢鼓捣机器，辞了里昂商学院农业工程教授的差事，认准大西南，一猛子扎下来与土地为生，与拖拉机为伍。

他教学有方，我开得也帅，两小时，铲斗挖掘的高难动作我已经玩得很溜儿。

"聪明又勇敢"是他对我的评价。

"拼力气的活总是一触即通。"我毫不谦虚。

十月，葡萄酒之路，数十辆大型农用运输车队满载橡木桶鱼贯行进，不慌不忙，我跟了七公里，改道前，全体司机鸣笛致谢，随即向东，轰隆远去。

拖拉机，奔跑山乡原野，在轰鸣联奏的巨大和声中，聚合起一种了不起的尊严，让山河气壮，江山锦绣！

大哉，拖拉机！

大河西去

多涅河，La Dordogne。

带阴性冠词的原生态大河，从中央高原奔涌而来，河流湍急，水面清澈，向西，一路奔泻，撑起法国西南农业的盎然生态。

它拓展出一个个峡谷、浅滩、草地和树林，以水位落差推动发电。

它亘古奔流，冲刷出一带砾石圆丘地貌，为波尔多葡萄产区提供特殊的土壤，葡萄树蓬勃茁壮，为葡萄酒带来有着大河参与的清洌。

当地人说："多涅河拜上天所赐，无河不成波尔多酒。"

当地"大河酒庄"（château de la rivière）的"河"即指多涅河，河水盘绕百顷葡萄园，从酒庄高坡望去，河道曲折，波光荡漾。

大河奔泻，滚滚向前，两岸荆棘缠绕，林木耸立，庄稼、农舍、酒堡，恭敬排列在峡坡向河水致意，构筑起一条墨绿色长廊，把持大河的原始生态。

多涅河不具塞纳河的华美和人气，也未频繁进入作家笔底，却以草莽气韵，在天地间栉风沐雨，与万物苍然一色。沿河行走，稍靠近，一股纯粹的自然气息瞬间带来舒爽的清凉。它就像每个人家乡的河，熟悉而亲切，能看到鱼群追逐、原石纹脉、水草漂游。

Lalinde 村的河段最美，总有三三两两的私车泊在水畔，人们带着吊床，或席地而坐，面向大河，观溪水潺流，听水鸟齐鸣。

那对老年夫妇是大河的忠实守望者，每个夏天，河岸上总有两把躺椅并列排开，先生仰卧，沐浴日光，夫人端坐，腿上一本书，栗色的短发随

多涅河奔腾向西

风掠动，三点式泳衣展露古铜色的身段。没跟他们打过招呼，怕惊了安逸，扰了祥宁。

开阔的河面上，桃花流水，空谷溪流，几百只白天鹅像飘落的浮云覆盖在河道上，奇伟、壮阔。它们优雅端庄，排着队，任水流的自由推动顺势漂流。行至下游，一个漂亮转身再集体逆流回游，偶尔，几只调皮分子发出欢乐的叫喊，跃出水面展翅飞翔，在岸边古堡的背景下，构成秋水共长天一色的奇观大象。

一年四季，水鸟成群结队在大河集结，认准了这片理想的居所，冬天都不迁徙。每次路过这儿我在想，怎样的生物链吸引了天鹅长达十几年的栖居？

河对岸那幢中世纪古堡，沿水岸的坡度修筑了数十级台阶延伸至水底，城堡与水系紧密连接在一起，改变着大河寂寞的氛围。不清楚里面住着什么人，直到看见炊烟升起，院落草坪上食客云集，把酒临风。古堡淡季关闭，夏季开放，有餐饮服务的季节民宿，为大河带来迷人的人间烟火。

我在多涅河闲荡，河道滑行的一艘渔船上传来中年男人的召唤。

"女士，能帮个忙吗？"

"一条超大的六须鲇很不幸上了我的钩，我要为它放生。"

他划向岸边，下船。我们共同将那条庞大的鱼拖上岸，谨慎地取下它嘴里的鱼钩。

一条又长又肥的大鱼。他掏出尺子量了身高，一米九！他随即卧倒，与鱼平行躺下，"瞧它比我还高。"

我迅速抓拍下他和鱼平卧的姿态。

他指着鱼近半米长的胡须，"当地叫它猫须鱼，看面相约莫四十岁的样子。"

我看到猫须鱼嘴巴在用力呼吸，翘起一根根坚硬的胡须。"它好像很渴，赶紧放生吧！"

夏天，岸边的这对老人

　　鱼被拖入大河，翻了个跟头，一溜烟儿潜入深水再无踪影。他说，法国有立法，钓到猫须鱼必须放生不得出卖或食用。

　　当晚我把他和鱼的合照通过邮箱发给他。我们成了朋友。

　　选了个晴天，搭乘他的机械船，我们从"放生"地出发，向西，穿过村庄、葡园，至波尔多，在嘉龙河汇合处，再朝西，直奔大西洋。多涅河岸因大鱼而凝结的友谊，让我实现了此生首次乘机械渔船扬帆出海的历险。

　　在大西洋湾，我们的渔船从欧洲最大的沙山前减速驶过，二战时德军修建的炮台，已在诺曼底登陆告捷后全部倒下，清晰地拓展开来和平盛世下的蓝天碧浪，沙海苍莽。

　　回程，我们在贝尔热拉克（Bergerac）停靠小憩，这是一座不能忽略的

协助渔夫放生猫须鱼

中古小城，码头早就不用了，淘汰下来的一艘巨型木船泊在岸上，永久见证昔日的繁荣。

这里，曾经四通八达，葡萄酒商船穿梭往来，货运繁忙，运酒，运橡木，也运烟草，当地美食鹅肝酱也是从这个口岸运至巴黎凡尔赛宫。曾经，小城居民目光远大，讲信义，严管理，坦然经商。于是，这片废弃的老港，连同当地葡萄酒的发展进程，一起被收进贝尔热拉克葡萄酒及航运博物馆（Musée du Vin et de la Batellerie），还原以波尔多葡萄酒贸易为经络的前世今生。

在码头的"老年人临时安置中心"，我们做了几个小时的义工，陪纤夫老人聊天，听他讲述。

Jean，八十三岁，一米八五的彪形大汉，精神健朗，喊着远年的船工号子，聊着他的爱情。

法国船工号子，第一次听，音域宽阔，曲调装饰音低沉，铿锵不乏抒情。

"在多涅河岸，我遇到我一生的女人。先走的幸福，她离开近二十年了……"

一条河，一声号子，一生挚爱。

一起吃了意面。我们告别。

余晖安顿在多涅河上，泛着金光，十拱红砖老桥横跨河面，联结古城的左岸、右岸，阶梯状的白色云团悬游在桥头上空，躁动着不驯，酝酿出古代。

我听到，大河奔流，向西。

夹带历史、现代和未来。

以爱的名义

古罗马战乱时，为保证充足的壮丁资源，有段时间禁止男人成婚。一位叫圣·瓦伦丁的神父冲破戒律秘密为相爱男女举办教堂婚礼，后被囚禁，于公元 270 年 2 月 14 日卒于狱中。

后来人们直接用他的名字设立了情人节，写成"Saint-Valentin"，无论讲哪种语言，欧美各国的"情人节"都这样子写。

巴黎以南的香槟省有个村落就叫圣·瓦伦丁（Saint-Valentin），也称情人村，为来这儿，我特意选了 2 月 14 日。这里举办过法国首届情人节，继而声名鹊起，并与日本冈山结对姊妹，以爱为题的庆典及商业活动接踵而至，世代致力农耕的情人村，由此问鼎文化，牵引世界的目光。

村子很小，由东向西，一眼望穿，主街笔直敞亮，民舍沿街排列，物象昭显，轻步踩踏。

街角的石墙铆着一枚酒红色铁牌，上面是两颗并连的爱心，底下标着"情人路"（Chemin des Amoureux）。拐进去，纵横交错，屋舍拥塞，一扇扇涂成浅蓝色的百叶窗，大敞大开，坦坦荡荡，好像没有任何隐私泄露的担忧。出于礼貌，没敢探头探脑左顾右盼，但我知道，每扇窗后都是一部自导自演的爱情喜剧。

进到那间著名的"2·14 情人餐厅"，里面已经坐了十几号人，围着木桌喝着，聊着，暗红的台布，剔透的高脚杯，烛光酒气，温暖而神秘。

老板招呼着。我说只喝酒。

他迅速走向吧台，持瓶倾倒，一个华丽转身，单手托盘，躬身递上两

情人村"恋
人圣地"

风铃写满世
界各地恋人
的名字

杯香槟，气泡翻腾，喜悦上扬。

背后的右手突然伸出一枝红玫瑰。

"给我？"

"情人节快乐，女士！"

一种甜蜜的气氛，弥漫开来。这枝花，引领女性文明，流泻人间情怀，展示朴素的人道民生。

手持玫瑰，招摇过市，行至村政厅，石墙上垂挂着一颗由橄榄枝编成的巨型爱心，一对老年夫妇在接受村长颁发的"情人村爱情证书"，随后，像教堂新人，幸福拥吻。

"探戈，探戈！"有人在喊。

只见，老人家提起西服右摆，俯身邀妻舞入广场中央，举手投足，不燥烈，不做作，潇洒着，炫动出属于老者的诙谐和幽默。

引来掌声满堂。

我走向他们。

"我们选择在情人村庆祝金婚，以此证明爱情不仅属于青年，也属于老年。"老先生腰杆笔直，声如洪钟。

"五十年的爱情是一杯陈酿，而最重要的还是海纳百川，有容乃大。"

一对古稀老人，相恋，相爱，相持，山河往复，春秋更迭，回首看，他们依然挚爱携手。

圣·瓦伦丁村，没有固定主题，没有老中青界定，这里的甜蜜不虚假，比忧伤还认真。

村西头修筑了情人花园，勿忘我花围起一方心形花坛绽放芳菲，土坡上，不锈钢立柱打造的"爱情树"缀满写着恋人名字的"金属心"片，无数个方寸大的铝片，在风中摇摆、碰撞……宛若风铃叮咚，悠扬清脆，唱着人间的爱情。

日本时尚达人桂由美开辟的这个日式花园，取名"恋人福地"（Terre de bonheur des amoureux），接纳四方步履，提升情人村的美学格调。

圣·瓦伦丁村，渲染爱情，倡导健康人生观，同时也为反法西斯阵亡者立下石碑，供后人缅怀祭拜。石柱上，密密层层挤满本村两次世界大战阵亡将士的英名，蓝白红三色缎带上永久供奉着一行字：圣·瓦伦丁村的致意。

一米见方的碑石，撑起老街窄巷的历史厚度，英雄的大名，挥写小镇百年荣光。

　　"无论什么年代，每对新人在婚礼之后都会来纪念碑献花，致敬英雄，传达敬意。"村长说，"这不是简单的走过场，是我们村延续了百年的传统。"

　　在这个庆祝爱情的时日，我掂量着这座爱情小镇的分量：与英雄栖居，见证爱情，铭记战史，传递和平。

　　法国没有一个城市和村庄没有英雄纪念碑，就好比有多少城市乡村就有多少教堂，英雄与上帝平起平坐。看看他们五花八门的节日，关乎战争的占了近一半，表象风情的国土刚毅血性、凌厉锐进。

　　回程，我在车上想象着当日卢浮宫广场上演的恋人一分钟激吻快闪大戏，估算着爱墙前拍照留念的人流，以及，在塞纳河桥上系挂爱情锁的形色男女，他们幸福的内心，是否拥有一张英雄的席位？

　　蒙马特高地那面深蓝色的爱墙，充斥着 280 种语言的"我爱你"，墙的名字写成"Le mur des je t'aime"，这个由名词加主谓宾从句组成的名字，与塞纳河左岸同样以从句构成的"小猫钓鱼街"（Rue du chat qui pêche），相映成趣，调动着语言的诙谐和功力。

　　情人节，旨在倡导相爱的你我，举案齐眉，相敬如宾，懂小爱方能大爱，先爱家，然后爱国，爱世界，让爱，充溢人间。

走不出非洲

那年，我们驾驶吉普车穿越非洲六国，采访，调研，体验民生，见证中非友好。

今天，2018中非峰会在即，人民大会堂，直径二十六米的大圆桌，静等五十三个非洲国家首脑的到来，为中非未来畅想献策，这张圆桌，也跨越时间和空间，苏醒潜伏的非洲记忆。

我意识到，我始终没走出非洲，走不出野生动物浩荡奔走的肯尼亚和东非大裂谷，那年，我站立于此，俯瞰这条世界最大的断裂带，犹如大陆的一道"刀痕"，浩瀚伟岸，野性流泻。我想象着那位苏格兰探险家凭借怎样的勇气发现了呈不规则三角形的大峡谷，使其渐入人类视野，接受来自南北西东的造访。

身后忽然传来吆喝声，几个马赛青年站在茅屋店铺前投来友善的微笑，门口，晒着几杆子当地的马赛布，红底黑方格，颜色热烈，手感厚重。店主小哥操着肯尼亚英语，放慢语速一字一句让我听懂：马赛男人终年奔走丛林草原与野兽为伍，身披红格布，辟邪驱魔，张扬骁勇。

"内罗毕好多咖啡馆用它做桌布，'锈钉'咖啡馆用的就是马赛布！"我兴奋地细数咖啡馆。拿下奥斯卡几项大奖的《走出非洲》也是在"凯伦咖啡馆"取景、杀青。隐秘在紫薇花树中，我们消磨过几个下午。长腿、翘臀的男女侍者举盘哼歌，在桌边穿梭往来，扭着非洲节奏。服务生端来咖啡，粗陶杯，杯身肥硕、复古而野性。我品味着来自凯伦农场咖啡的悠悠厚味，脑中快速搜索读过的那本《走出非洲》。

　　凯伦，丹麦富家女，二十九岁随丈夫布里克森进入肯尼亚，在内罗毕恩冈山下购置农庄，开辟咖啡种植园。

　　一住，十七年。

　　十七年，农场上演了一位北欧年轻女性激情兼悲情的情感大戏。

　　十七年，凯伦办学校，教当地孩子阅读写字，以勇气和博爱，赢得土著人的接纳和尊重，并在劳作中与他们构筑友谊。

　　十七年，肯尼亚造就了一位丹麦女性作家，以十七年的农场经历书写《走出非洲》，问鼎诺贝尔文学奖、奥斯卡最佳影片奖。

　　十七年，一位爱慕虚荣的女人，在历经离婚、再爱、情人驾机坠亡、农场被烧的多舛人生中，锤炼出坚韧、强大、独立的品格。

　　于我，致意内罗毕的最好方式是拜访凯伦故居。凯伦庄园入口，古树压阵，严密、幽静，适合调风弄月，复行数十步，故居红色屋顶叠衬出恩冈山蜿蜒的山脊。

　　我环视山脉，我知道，丹尼斯长眠在制高点。

　　宅院草地上，那棵一百多岁的火焰树开满艳红的花朵，如燃烧的火焰，树下，曾经柴旋篝火，凯伦与丹尼斯，相视而坐。

　　故居门口安置了两张圆形石桌，类似大户人家镇宅辟邪的石狮，圆桌配了石椅，历经百年，石头桌椅侵蚀得没了棱角，摸上去，粗粝中泛着细腻的圆润。当年，每天清晨，凯伦坐在石凳上，仰望内罗毕明澈的天空，感慨"这才是我应该栖居驻足的地方"。

　　我在石凳小坐，感受凯伦的感慨，思忖，一位年轻女性，该有怎样自由的秉性，敢于独自在非洲寻找梦想和爱情？

　　远处，恩冈山清朗、明晰。忽然懂得凯伦十七载花样年华释放于此的种种理由。

　　踏入老宅。走廊尽头，凯伦黑白头像定格在相框中，二十九岁，略带野性的面孔，包着头巾，嘴角微翘，浅笑嫣然，双眼闪烁希望。

右转，餐厅。长方桌上铺着白色桌布，阳光倾泻在老式烛台和青花瓷盘上。在这儿，她宴请过威尔士爱德华亲王，桌上保留着那次的英文菜单，在晦涩难懂如天书的菜谱上，我努力看懂了骨髓纯汤，豌豆鹌鹑，通心粉沙拉，荷兰酸辣酱。

餐厅朝西，三扇落地长窗，日光充沛明朗，窗含平畴、草场和山林。书中，凯伦写道："平时，我喜欢在餐厅，或独坐，或书写……"也是在这儿，凯伦和丹尼斯分享烛光晚餐，"莫扎特 A 大调"作陪，这首高远清朗的乐曲，从此代表着肯尼亚的全部气质。

"他酷爱狩猎，每次只带留声机，三把步枪，一个月口粮，和莫扎特。"凯伦在《走出非洲》中这样写丹尼斯。这是一个有激情、懂生活的男人，那种适合做情人的男人。

丹尼斯，牛津大学教育背景，打过仗，开过战机，退役后来肯尼亚探险。他放荡不羁，崇尚自由，酷爱穿越丛林大漠，在自然界感受生命的张力。凯伦笔下的丹尼斯："我在非洲遇见了为自由和动物奋不顾身的情人，

海伦故居

折桂而来，情迷而往……"

　　丹尼斯是那种能给女人最浪漫爱情的男人，舞会上，他可以拉着凯伦离开，玩一场说走就走的空中飞翔，乘直升机，观地面狮群奔走，火烈鸟振翅……

　　这位勇敢、英俊的飞行探险先驱影响过海明威，后者也追随丹尼斯足迹奔赴肯尼亚，世界文学史从此有了《乞力马扎罗的雪》。读这本书时我尚未到过非洲，作家字里行间流淌的东非情结，曾为我年轻的生命打开了憧憬非洲大陆的窗口。

　　在庭院中央，我望向凯伦书房。多少次，丹尼斯站在我站立的地方，盼望凯伦的"心情灯"从窗口点亮以赴约会，这盏灯已熄灭百年，而《走出非洲》的人性光辉，隐隐然，从这扇老窗溢出，照亮前赴后继的人群。

海伦用过的餐厅

　　十三年分分合合、若即若离的爱情长跑，以丹尼斯飞行坠亡宣告结束。凯伦没有哭号，亲自为丹尼斯择墓。她爬上恩冈山顶，浓雾散尽，草原明晰，视野开阔。她欣慰，这，一定是丹尼斯想要的景致。

　　带着满腹伤愁、无限眷恋，凯伦即将离开肯尼亚。

　　几排的马赛人赶来送行。"这次你还像领路人那样，要把篝火点得更亮更大。"贴身黑人管家临别赠言。

　　这是一位女性生态主义者在咖啡种植过程中与土著居民友好相处的美好实证，非洲人的良善淳朴让她放下傲慢与偏见，实现了跨越种族和贫富差距的平等交流。于土著人，凯伦是灯，引领他们如何相爱、宽容，怎样在举步维艰的肯尼亚勇敢地生活。

肯尼亚赤道线，
脚踩南北半球

她走了，走出非洲，返回丹麦。

之后，她用三十一年余生，书写亲历的战争、疾病、死亡，写她和丹尼斯的爱情。她将思绪和记忆埋入东非高原，丹尼斯在那儿。每天黄昏，凯伦都会登高远眺，朝情人埋葬的方向，祈祷。

她走出非洲，再没回去。

而她，却注定一生走不出非洲，走不出那片付出青春、历经爱恨的土地。

来过非洲，坚强者更坚强！

阿非利加——Africa，读出来，抑扬顿挫！

非洲，是凯伦心中永恒的圣地。也是我的。

同标题此文刊载于 2018 年《新华非洲》

敬礼，登陆将士！

走进诺曼底美军公墓，如同翻开一部悲壮的英雄史诗。

那里，长眠着九千多名在诺曼底登陆战役中阵亡的美国士兵。

从公墓高地俯视，奥马哈海滩蜿蜒环抱大西洋。这里，也是著名的英吉利海峡，对面，是英国。七十年前，十三万盟军大兵，从英国的朴次茅斯出发，驾驶登陆艇，横渡英吉利海峡，一路挺进，浩荡登陆诺曼底……

奥马哈，上演了美军最为惨烈的抢滩战役，近万名士兵在这里倒下。

从此，这片海滩，成为法国最著名的二战纪念地，登陆的"D"日，即 6 月 6 日，也纳入法国最隆重的战事庆典。美军命名的奥马哈海滩，实际上是军事代码，战后，出于敬意，法国保留了美军对诺曼底五个海滩的英语命名，如"犹他""朱诺"和"佩剑"等。

如今，诺曼底硝烟已散，法国北部诗意的乡野，让人很难与惨烈的战事相连，曾经血肉翻飞的战场，现世天高地阔，安然自足。

为表达对阵亡将士的敬意，1945 年 5 月停战协议签署后，法国将奥马哈海滩赠予美国，用于安葬九千多名为法国解放而献身的美国大兵。占地七十公顷的美军公墓，从此接受不同肤色、不同信仰人群的参观和祭拜。

墓园面向大海，朝着美利坚的方向，鲜花盛开，毫无世俗意义墓地的恐怖阴森。美国每年有大笔用于墓园维护的经费，让这些远离祖国、为反法西斯而献身的九千多名将士享有英雄般的尊严。

汉白玉十字架依次排开，像极了列队士兵挺拔的姿态，十字架均为统一尺寸，横观纵看，错落有致，开阔无际。墓碑，不分军阶和职务高低，采用统一制式，只刻姓名、出生地、所属部队和阵亡日期，简洁大气，不做任何雕饰，一如生命本身。他们都按当时的编制集中埋葬，让一起出生入死的战友能生死与共。每个墓碑下掩埋着一个美军士兵，棺木竖着摆放，代表军人的宁死不屈。

这些平均年龄二十岁的将士，将身体和精神留驻海滩，倾听海风扫过劲草，见证当年登陆的惨烈，守望以生命祭奠的和平盛世。在墓廊间穿行，仿佛看到，士兵的英魂重现，曾经威猛的部队，仍然生生不息……

墓区中央小礼拜堂，每十五分钟美国国歌唱响，致意长眠诺曼底的英雄。陪伴他们的还有一位守墓老人，当年的登陆美军士兵，他，记住了相继倒在自己身边的战友和他们的眼神，甘愿一生留下扼守，安静对唔亡灵。

这一留，就是七十年！七十年不曾返乡，让人唏嘘感慨，瞬间，爱的厚重，意味深长……

老人说起往事仍然哽咽，他每天在墓园除草种花，"内心，战友和战火的记忆，从未远去。"看着这位老人，诺曼底的分量在心中，又重了许多。

盟军登陆的
奥马哈海滩

　　墓碑前，一群十五六岁的中学生在听老师讲解，"这里埋葬着一对兄弟，他们手拉手牺牲的。"公墓中长眠着四十一对兄弟，面对如此悲壮，唯有脱帽敬礼！

　　诺曼底，也记录了当地居民为美军指路、留宿、疗伤的故事，用生命凝结的国际友谊，七十年后，仍在传颂。常年，都有当地居民来墓地献花，一位七旬老妇采了自家花园的鲜花，摆在美军士兵的碑前，口中念着："上帝与你们同在。"

　　欧洲一向关注战史，设立了无数战争纪念日，纪念活动之规模赶超国庆。法国战争纪念日很多，一战、二战停战日，奥拉杜尔屠杀纪念日，抵抗日，每座城市和村庄还有自己的解放日，巴黎的解放日是 8 月 25 日。从城市到乡村，有多少教堂就有多少战争纪念碑，以纪念阵亡将士和被杀

奥马哈海滩
和美军公墓

戮的平民。

每年 6 月 6 日，法国邀请美、英、俄等十八个二战同盟国元首和二战老兵，汇聚诺曼底，回顾历史，缅怀先烈。唱诗班为阵亡战士祈祷、歌唱，激昂的军乐、盛装的游行、威严的军舰、呼啸的战机……寂静的诺曼底，沸腾了。

身着戎装的老兵和军事爱好者，驾驶二战各式军用老爷车，插上参战各国盟军的旗帜，浩荡挺进诺曼底，还原和平时期的"登陆战役"，像极了好莱坞战争大片，颇具震撼。此时的登陆伴随的是和平与鲜花，不再有死亡和子弹。

当地的农舍、商店和饭店也挂起了美、英、加国旗，有的还打出横幅"感谢你们，法国的解放者"。

从乌塔海滩一直向西，经过奥马哈和戈登海滩，到处是戎装的军人，放眼望去，一个威武的军人世界！

胸前挂满勋章的老兵，脸上、手上满是岁月的痕迹，他们坐着轮椅，拄着拐杖，在诺曼底的天空下，回首战火纷飞的岁月。七十年的和平与幸福之后，他们内心，是否伤痛依旧？

诺曼底登陆七十周年大庆的收官之作刻意安排了犹他海滩的伞兵表演，旨在纪念美国传奇伞兵约翰·斯泰勒（John Steele）。1944 年 6 月 5 日夜，空降中，斯泰勒被挂在圣母村的教堂钟楼，后被村民救下。战后，村府制作了与真人形体等同的玩偶悬挂钟楼，永久再现这位英勇的伞兵。

一座名不见经传的诺曼底海边小镇，因着美国伞兵从此走进世人视野，登陆纪念日的庆典活动让村庄成为世界的焦点。

停战后，斯泰勒返回美国，曾多次作为嘉宾应邀参加诺曼底登陆庆典，并成为圣母教堂村荣誉村民，村中建有美军纪念馆和以斯泰勒命名的酒店。斯泰勒已离世多年，曾希望葬于诺曼底，遗愿因故终未实现。

爱尔兰作家兼新闻记者瑞恩以登陆为背景创作过《D 日，最长的一天》，书扉页的献辞是："为所有参加 D 日战斗的人而作"。他的作品告诉世人：战争，不是赤裸裸的死亡游戏，不是简单的武力征服，而是把个人和世界放在了命运的刀锋上，从而让人类建立勇气信心，学会战斗、坚忍和等待。

法国总统奥朗德在登陆七十周年庆典致辞中表示："今天，十八个国家的人民团聚于此，纪念为自由牺牲的儿女，也向年轻一代传达怀念，并提醒世人，人类为不再有战争付出了巨大努力。"

奥巴马总统称："我们，不仅是庆祝胜利和向英雄致敬，还要让世界永远铭记历史，让新一代成为维和生力军。"

不过，也有很多法国人对当年美军的军事行动持异议，接受采访的八旬老太直言不讳："我不会饶恕美国人，他们轰炸了我居住的冈城（Caen），家人在纳粹屠杀中侥幸逃生，却在美军解放法国实施的大轰炸中死亡。"

冈城、奥尔良和阿弗尔曾是德军密集占领的法国城市，为彻底摧毁纳粹，艾森豪威尔没有考虑当地居住的百姓，下令对这些城市无条件轰炸，

阳光照耀
诺曼底

虽彻底捣毁了德军，同时也误杀了许多无辜平民，这也是一些法国人不赞赏、不感激美军的重要原因。

在法国，如果看到哪座城市没有古典格局的情韵只有丑陋的楼房，那一定是被美军轰炸后重建的新城。

战争，无论怎样，都是一种致命毁损。

美国八十九岁的老兵米歇尔·布朗告诉记者，"年轻人应来法国，在战士墓地用手触摸墓碑，感受那些墓碑下沉睡的十八九岁的青年，从而学会人类切勿自相残杀。"

美军公墓入口，一束以法国国旗颜色捆扎的鲜花恭敬摆在大理石纪念碑前，上书：你们永远不会被忘记。

不远处，三面星条旗，在几十米高的旗杆顶端，迎着海风，飘扬……身体倒下，星条旗永不落。

离开公墓，再次回望：数千枚白色十字架连接成一座伟大的丰碑，向世界昭示着军人的气概，人性的崇高，和平的妩媚。

跟 风

一

巴黎近郊 Asnières，参观路易·威登（LV）工厂。经营企划部经理着重谈到公司生产加工危机。"与日俱增的消费者拉升了需求量，企业面临车间匮乏和匠人短缺，我们将在卢瓦河谷增加两个加工厂和六百名职工。"

友人叶子曾后悔地提到多年前过生日收到的一款 LV 钱包，觉得旧了吧唧好丑直接给人了，多年后才明白那是法国大牌。

这是大多数人狂购 LV 的缩影，不一定觉得好看，只因国际一线品牌。巴黎香街和老佛爷的 LV 店一年四季都是排队等候的长龙，购买者也豪，我曾见过一男士手攥厚厚一沓欧元跟会讲中文的法籍亚裔导购说："这六个我全要赶紧开票吧。"然后商品看也不看直接拎包走人。还有的用手机视频给女友不厌其烦地展示新款包，售货员满头大汗忙得四脚朝天。这种比露天集市还乱的购物环境，每当想去看一款包时都望而却步。

不可否认，中国消费者为 LV 做出了无可估量的贡献，企业发展史册上该记上一笔。北京大街上、公交车和地铁里，随眼一溜就是 LV，不是赝品是真货。问过背包人，大部分都不了解 LV 历史，也不知道肩上的包是 LV 的哪款、何名，也不晓得 LV 全称，好多人直接按拼音说成"驴"包，还有一些把 LV 读成"挨路威"，挨饿的"挨"，二声，"路"四声，"威"一声，这发音听起来无比怪异。无需了解品牌发家史，没必要知道 LV 全拼，更不用纠结晦涩拗口的法语咋说，只要大牌，大家都有我必须有。

　　有个怪象，LV 系法国制造，而本土人背的很少，早年我们的法国女外专还问我 Louis Vuitton 是什么。本土人对奢侈品兴趣寡然，也符合了法国节俭、因循守旧的形象，世界旋转，它岿然不动。

　　不过有个姐妹儿颖儿，囤了至少十五个 LV 包，每天随心情换背，紧追每周一款的新包动态，并对"老花""棋盘格"的所有款和高档 Capucines 皮质系列了如指掌如数家珍，包往那儿一搁，人家立马说出名字、设计师和生产日期，就像工厂是她家的。LV 包款式多如繁星眼花缭乱，她能把 Pochette Métis，Sac Boîte Chapeau, Mini Dauphine, Pochette Félicie, My Lock Me BB, NéoNoé, Trunk Clutch, Montsouris BB , Sac Mélanie,Duffle 等八怪七喇的包名说得朗朗上口滚瓜烂熟。我也是服了。

　　这位不是跟风，不是伪喜欢，是喜欢到骨子里了。颖儿说喜欢 LV 的设计理念，前卫元素中坚守复古，时尚又轻巧，尤其好搭衣服。"LV 最大特点就是穿破洞牛仔裤都毫无违和感，这是其他任何一线包所不具备的。"她振振有词。

巴黎索园

有人谴责"十五只包太奢侈！"冷静后仔细算下，这妹子不爱车不买车不开车，十五只包还抵不上一辆三十万元车钱，且包还不用汽油，无保险，无维护，无环境污染。

由此个人觉得就算有二十个也不为过，这是爱好，与跟风完全不同。有人喜欢帅哥，有人热衷军服，有痴迷邮票的，有爱车的，一些人嗜好葡萄酒，另一些人沉醉二战装甲车……都是兴趣，无可厚非。

二

说到车，又引出话题。

北京有多少私家车没统计，只需看看满城风驰电掣，听听深更半夜马路上的轰鸣。我常想，北京覆盖四郊五县四通八达的公交地铁，应是世界上最便捷的公共交通网络，为何非要人手一车宁愿让城市严重拥堵、污染？究其原因还是跟风。每一对新人结婚，车不能没有，不管有没有用，开不开得起来。好些人上班也不开车，嫌堵，车位难找，停车费巨贵。我说那干吗买车？

"车、房是硬件，大家都有啊。"

家附近一对安徽七〇后裁缝夫妻，二十多年来凭着勤劳的双手赚了些钱，几年前，我看到他们不到二十平的出租房门口停了辆银灰色的车，阳光下特闪。他们成日埋头车衣，除了门口超市买菜几乎足不出户，车仅回安徽老家时开。理由是：老家的人会说在北京干了这么多年连车都开不回来，跌份儿啊。

没车没面子？我没车，挤了半辈子公交地铁，风里来雨里去从不觉跌份儿，更不觉苦，相反比起欧洲老掉牙叮咣作响、乱抖乱颤的一百多年的老地铁，越发觉得在北京宽敞稳健的地铁车厢简直幸福死了。

还有人直言忍受不了地铁的人挤人和打站票，事实上，那些蔑视公交、故作"娇贵"把自己视为"上等人"者，小时都是从苦日子过来的，地铁作为现代交通最便捷的出行方式，这点拥挤完全能忽略不计。相反，倒是该给地铁族送去大把掌声，因为，他们是绿色出行的践行者，是首都环保的守卫者。

英前首相布莱尔能乘伦敦叮咚乱响的地铁上下班，默克尔能拎菜篮子在露天集市买菜，我们就忍受不了地铁非要开车？好多人还错误地认为开车是城里人的标签，城里人就光荣了？这首先就是一种概念扭曲，我从未觉得生活在城市高人一等，更未有过特别的优越感。在欧洲，住在乡下的人才开车，尤其在法国这种乡村交通落后的国家，农民人手一车，买个面包都要驰行十里外，在乡下没车就意味寸步难行，城里人有公交，开车的反倒少，车仅为代步工具，且大都是老旧的两箱两门的小型车，老旧到怀疑能否置办到零件。在荷兰的城市乡村，大行其道的是自行车，且多是咱们五十多年前的二八大杠，比利时还给骑车上班的人发钱鼓励绿色出行，车在欧洲，完全不是价值和富有的标签。

看过一篇写某媒体副局级记者兼科幻作家的专访，主要讲述这般"大身份"的人却每天背双肩包挤地铁上下班，从而折射一种简朴的生活方式。专访立意很好，而导向欠佳，字里行间总透着"名记名家"本可过得"体面"，何必如此克俭每日挤地铁自讨苦吃？无意中这篇报道把人分成三六九等，给一篇很好的专访打了折扣。

饮食跟风也了得。除了我有谁没点过外卖？随便一家外卖店一天进项数千，看似便捷省去做饭麻烦的同时，食客吞入了过多的油脂和食品添加剂。外卖产业源自美国，那儿的肥胖者居多，因肥胖引起的疾病居高不下。相比美国，法国外卖业极为惨淡，百分之九十八的老百姓迷醉自主下厨掌勺，因吃得健康，国民体态总体不丢人。

三

跟风还表现在对孩子的教育和食物的疯狂投入。有人对自身的食品安全太缺乏信任，组团远赴澳洲抢购奶粉，事实上，我们的奶粉并非都是问题奶粉，农村千百万留守儿童吃不到母乳就是靠吃国产鲜奶和奶粉长大，他们身强体壮，品学兼优，看下北大清华文理科状元有多少来自大山深处？还有人质疑我们的水质和空气，买各式自来水和空气净化器，人活到这份儿谨慎，累啊。

一直不理解那些学费昂贵的亲子互动班，妈妈抱上一两岁的孩子在老师带领下一起玩游戏，如果是玩儿为何交钱到培训班玩儿？孩子的天性是在露天野地奔跑，沙子和泥巴才是世界儿童共同的最好玩的玩具。有孩儿妈答，不一样喔，现在孩子都玩得高级了与我们小时的玩不是一个概念，你不这样，你的孩子就输在了起跑线。

玩还有低级高级？"输在起跑线"的提法在世界任何国家都不存在，玩儿，是天下所有孩子的天性，花巨款上幼教班只能遏制孩子的独立性和想象力，限制孩子凝视世界的目光。

欧美一直实施"安静的幼儿教育"，在德国，孩子六岁前报补习班是违法，没有幼教班、辅导班，小孩子们就玩铲土挖泥捉昆虫，陪父亲种树种菜，或骑上童车跟父母疾驰田野，看葡园、森林、河流，与野兔赛跑，听群鸟歌唱……

北欧国家还有专门的户外幼儿园，充分利用丰富的森林资源因地施教，孩子们基本全天候露天活动，包括野外行走、野餐等。一年四季无论刮风下雪，全天跟着老师在森林里摸爬滚打、玩耍，观察动物，学辨植物，认知各种蘑菇，掌握户外生存技能。老师无须讲太多知识和道理，孩子们自然而然就知道敬畏和保护大自然，并懂得如何在户外与人互利协作。这也是为什么会看到欧洲的山林原野永远行走着背包客，他们不拍照，

夕阳下的
葡萄酒之路

不拿生态当背景舞纱弄棍凹造型，没人高声说笑惊扰大自然，他们的目的太简单：行走，呼吸。

在法国葡萄酒之路的村镇，忙完葡萄采摘，酒农就一猛子扎到山里、田里采蘑菇，家家谈论蘑菇，分享蘑菇大餐，所有这些皆源自幼年开始的室外教育。法国城市的不少中小学还特意在校园有限的地盘开辟出菜园，让孩子知晓食物的起源，从而热爱劳动珍惜资源。学生们也攀比，但比的是书，谈的也是书，谁读了寓言，谁看完了《小王子》和《威尼斯商人》。过生日，孩子们会列个书单交给大人，以得到赠送的书籍。

近年幼教班超火爆，多贵都有人报，愿打愿挨，认定烧钱上了幼教班一只脚便跨入剑桥。事实上，学习与钱无关，金钱堆不出天才，是金子怎样都闪光。

北大前副校长陈章良，福建渔民的儿子，其父希望子承父业，与海浪、鱼群为伍，他十一岁才上小学，没人逼学，没报过任何辅导班，却连跳几级读完高中，入大学，赴美留学，摘得联合国教科文组织"青年科学家奖"等多项大奖，并被美国《时代》周刊选定为全球百名青年才俊。爱学习的拦都拦不住，不爱学的抽鞭子都不挪窝。

双胞胎姐妹五月和六月妈妈的教育方式超级可爱，她从不带俩宝上辅导班，她率领孩子逛遍北京大大小小的博物馆，让她们在田野、故宫、颐和园的阳光下写生作画、朗读故事、嬉戏奔跑……极少有这样的父母不给孩子报班让他们如此自由快乐成长，让我想到在室外面对森林光影创作的巴比松画家。这是怎样一种放达并激发灵感的教育方式？

四

前日，社交网站发了张学友和周杰伦为抗疫创作的新歌，词曲都是上作，这本是当日颇为励志的头条新闻，而歌词下面的留评几乎全是"喜欢，我哭成狗！""让我哭成狗子的歌！"……一首值国民众志成城时期谱写的好歌被"哭成狗"糟践得不浅。我们的语言有多少词汇可以用来赞扬一首旋律？让"狗"此等插科打诨的字眼出现在这样一个时刻的这样一首歌下面，实在不雅。

小鲜肉，泪目，眼湿，凡尔赛，被美到，童鞋等数不胜数破坏汉语纯洁性、严肃性的网络词大行其道泛滥成灾，"赶脚"的组合，看到一次闻到一次脚丫子味，文字阅读的美感荡然无存。人们争先恐后地去写去说，一些媒体人也跟风起哄，导致文风轻浮媚俗。网络俗语好像不说就落伍，试想，一五尺男成天"小鲜肉、被美到"咕噜于嘴，何言阳刚？

学学钟南山讲话，在一次记者会上他称"武汉是座英雄的城市"，这样的用词在这样的语境下彰显语言气魄，鼓舞士气，激扬人心。

前年法国一批抗疫物资空抵武汉，物资上还写了字，是刘禹锡"沉舟侧畔千帆过，病树前头万木春。"这条普通的新闻因七言诗句而惊艳，两句题字包含了西方对东方文化的尊崇，沉淀着对中国人民的友谊和祝福，如此物资援助充满了无限的文化意象。

两句诗，拨云开雾，让人精神舒朗，这，便是语言的力量！一名中国人，看到祖先的诗句不远万里漂洋过海飞抵祖国，这是怎样一种诗情苍老的振奋？由此，诗句的分量超过物资，完美成就了文以载道的中国古训。

汉语是华夏文明五千年的历史积淀，每个公民都肩负捍卫和传扬的责任，以便汉语在厚重的和声中保持生生不息的文化记忆，这不完全是为了现在，更是面向未来。

Aurore，我们曾经的女外专，毕业于巴黎高等翻译学院，与她共事的几年，经她手下改过的新闻稿，遣词规范、严谨、流畅，精准到每一个标点。

我问何以做到如此极致？

她说，我们是国家通讯社，不是小报，所有文字都是中国发声，文风代表中国文化底蕴，几十年甚至百年后稿子都会被人调阅，必须做到字斟句酌，这是职业道德，是尊重知识，也是尊重自己。

当年，Aurore 二十九岁，巴黎女郎，爱说爱笑爱吃爱玩爱臭美。

语言是民族的文化精粹，语言的衰退是比大规模经济衰败更大的灾难。

圣山魅影

　　法国声名在外的旅游城市不少，圣·马洛（Saint-Malo）似乎并不被国人看好。旅游权威攻略"Routard"对其评价不浅：这是积淀文化、传统和历史的土地，港口、海滩、城墙、潮汐，神秘着这座屡经海盗出没的城市。

　　来圣·马洛的原因再单纯不过，此地产的无菌海水"Physiomer"根治了我经年不愈的鼻炎。

　　沿布列塔尼海岸线驱驰，大西洋一改上诺曼底断崖和巨岩的浩大声势，在这里变得温和柔媚。进入圣·马洛，浅海水域竖立着大片木桩，工作人员讲，这片海域专用泡木，经海水泡过的橡木比礁石还坚固，用于造船。

　　我顺矗立的木桩缝隙望去，艳阳蒸发了水雾，平日迷蒙的大西洋海面，难得的明亮清澈，忽然，我的目光落定远处一座孤岛，教堂尖顶托起一尊金像，直逼云天。

　　工人说，那是圣·米歇尔山（Mont Saint-Michel），我们叫它圣山，涨潮时，山会变成孤岛。

　　这就是久负盛名的圣山？

　　想起莫泊桑初次看到圣山城堡，就是在离这儿不远的康卡勒市（Cancale）。"一条灰色影子隐现在雾气弥漫的天际。"他在《圣·米歇尔山传说》这样记述。

　　我跳上一块黑礁石，圣山城堡线条愈渐明晰，甚至看见山上风吹草木的浮动。

圣·米歇尔山

直奔圣山。正午抵达。

阳光下，圣山城堡，如此妖娆！凭海临风，傲然耸立，值正午退潮，海域平缓如镜，海水向后退出十几公里，裸露出人工修筑的海岸长堤，笔直地，伸向孤立海中的圣山。

面对被海潮冲刷而成的圣山，竟像当年仰视开罗金字塔，内心升腾起莫名的神圣。

看，山顶那尊金像，闪闪发光，拓展双翅，手持长剑，脚踏恶龙，傲视苍穹，双目，收尽尘世善恶美丑。

身边游客说，他是大天使米歇尔，19世纪，被指定为诺曼底守护天使，并铸成铜像耸立山巅。

　　我开始攀登被誉为"法国泰山"的圣山。用攀登，有点夸张，圣山制高点仅八十八米，比起一千五百多米的中国泰山，充其量为丘陵，只因从大海的空旷沙地拔起，四周无树木房屋遮拦，实际高度虽微，却有着不可一世的轩昂。

　　高耸于花岗岩上的圣山修院，素简、高洁，内院与回廊坐拥大海，恍若悬浮天水间，海鸟擦水翱翔，欢愉鸣唱。

　　此刻，想到中学倒背如流的《岳阳楼记》。以地理角度，湖南岳阳楼，前瞰洞庭，背枕金鹗，遥对君山，南望湖南四水，北眈万里长江。如此诱惑的山水，牵引了范仲淹的目光，他挥翰临池，古体散文气势恢宏，千古传咏。"先天下之忧而忧，后天下之乐而乐"的济世情怀，教化世代中华儿女励志自警。

　　风景，积淀岁月始芳菲，文字，沉淀时光方气魄。从中学到中年，跨越若干年后的今天，岳阳楼之文化意境，在相隔万里的圣山得到深刻诠释。

　　我在山下店铺买了本有关圣山的册子，随便就翻到它历经的战事，一下子来了精神，寻个僻静之地，坐定，细读。

　　"英法百年战争"，英军进攻诺曼底，圣山修士利用院内坚固的堡垒和城墙，抗击英军二十四载，保护圣山从未沦陷。

　　圣山还被写入诺曼底登陆史册，1944 年 6 月 6 日盟军登陆子夜，修士凭借起落的潮汐，淹死试图炸毁圣山的纳粹。

　　举目，仰视圣山，心怀敬意，只因它，联系一场非凡大登陆！我深知，如果没有那场每年隆重纪念的登陆战事，我不会反反复复地来、不厌其烦地写，奥马哈登陆海滩，掩埋英雄的美军公墓，美国伞兵倒挂钟楼的村镇，当地居民留宿、疗伤美军的每一个村庄，已足够一位军事爱好者频繁地踏足，深情地敬礼……

　　此刻，我眼中的圣山，是捍卫和平、弘扬正义的天使之山，被收进世

界文化遗产，实至名归。、

这里也是继耶路撒冷和梵蒂冈之后的第三大朝圣地，朝圣盛况进入过中世纪作家的笔底：教士、骑士和各路人马，口诵经文，骑驴驾骡奔赴圣山，农民、商人，肩挑农作物和食品，为朝圣大军提供物质支持。至今，法国还保留着巴黎、图尔、波尔多至圣山的朝圣路线，吸引各方人士不畏高山丛林，行进在先人踩踏出的路上，于徒步中锻造心智，学会自律和奉献。

与所有海上城堡一样，圣山也扮演过监狱，负责人吉利介绍，1830年法国"七月革命"，这里囚禁过革命家。他列数曾经关押在圣山的大人物，拉斯帕伊（Raspail）、罗伯斯庇尔（Robespierre）、布朗基（Blanqui）……百年后，他们的名字全部被巴黎用作了街巷的命名。

卢浮宫入口，占据一大面墙的看家油画《自由引领人民》，描绘的正是那场"七月革命"。圣山归来，刻意二进宫，画前，盘桓良久：我又来了？我看懂更多了吗？

一座海上城堡，引发系列战争和文化的历史渊源，圣山之魅，不言而喻。

法国旅游资源网页和书刊，圣·米歇尔山从未缺席，介绍诺曼底的图片，如果只有一幅，一定是圣山。

在山顶，我再次将目光投向大西洋，被海水围拢起来的圣山，像极了一艘永不沉没的航船，乘风破浪，擎起正义与力量。

披暮色，边回头，边下山。

走在连接孤岛和海岸的长堤上，太阳滑入海面，晕染天际，映红海滩。深海傲立的修道院，在绯红夕照中，黑魆、诡异。

神话，梦幻，奇异，用在此时的圣山，正好。

走出长堤，圣山甩在背后。

教堂晚钟鸣响，唱诗班高亢的大合唱，叠加在涨潮的轰鸣中。

西南 Gaillac
葡萄产区

　　此刻的圣山，高洁，宏大。

　　2015 年 3 月 22 日，好友 A 君在圣山目睹了圣·马洛湾的世纪大潮，发在朋友圈的照片显示，几万游客拥塞在老城墙，伸脖子踮脚，看"超级月亮"和日全食引发十四米高的潮汐怎样将圣山变成汪洋孤岛……

　　叹自然界之伟力。我留言。

　　友问，不来遗憾吧？

　　不。

　　圣山之魅，岂止是潮观。

红　宫

红宫？

就是那座著名的阿尔罕布拉宫。

公元 8 世纪，伊斯兰摩尔人在格林纳达，择巍峨的萨彼卡山腰，用当地红土烧砖炼瓦，修筑了阿尔罕布拉宫。

阿拉伯语中，阿尔罕布拉宫写成"Al hamra"，意为红色城堡。摩尔王朝在这里自成日月，居住统治了七百多年，直到 15 世纪摩尔人后代阿布迪拉王子弃城投降。

西班牙吉他大师塔雷加《阿尔罕布拉宫的回忆》就是为这座宫殿而作。这支以颤音技法演奏的乐曲，让我对华丽宫殿产生过无数想象。

数年后，慕名前来拜谒红宫，惊鸿一瞥，竟生出一种朝圣情怀。

此刻，红宫，就在那座山的脊梁上，占领巉岩峻岭的军事高地，彰显远离尘嚣的高贵。面对它，就像儿时面对落日中的长城，一派遗世独立的皇家威仪！

从坡道望去，宫殿围墙高阔、粗粝，穿行花园庭院，柏树与榆树撑起大片浓荫，玫瑰、橘树争相吐艳。

忽闻淙淙流水……水，自始至终贯穿整座宫殿，流入后宫穿行各间卧室，弱化着地中海长夏的暑气，沉闷的城堡顿时活跃起来。当初摩尔人选择这座山头，就是相中这里的水，无论西方还是东方，大兴土木都讲风水。

宫殿内，满壁是珍珠和石膏粉雕琢的细密镂花，经过千年时光的磨砺，依然泛着玉石般润泽并坚硬的质感。很遗憾，我读不懂满墙舞蹈般的花雕经文，这层隔膜让我感到被稀世美丽冰冷地拒之门外。

几个穆斯林女人走过，我在想，我们都是背包看客，她们才是这儿的主人，只有她们，能毫无障碍通读墙壁上的经句诗文。

我混进一个法语导游团捕捉他的讲解：当年，宫殿主人凯旋，接受人们欢呼时异常理智，"我怎么能算胜利者，要知道，没有胜者，除了真主！"他下令将这句话刻在宫殿，作为纳赛尔王朝的座右铭，闪亮在宫殿的门楣和回廊。

红宫最后一位主人阿卜拉迪皇帝，刚继位就遭遇西班牙统一，他明智选择了弃城投降。1549 年，他从边门出宫离开，走到山岗，回头眺望，黯然垂泪。

人走了，但那些代表伊斯兰文明的庭园楼台，却永久屹立于格林纳达的烟雨间，见证一个又一个豪势强权的兴衰成败，纵然一日石崩瓦裂，艺术，仍交织在历史的文脉中。

之后的几百年间，神秘的庭院变成废弃的荒草瓦砾，它曾当过拿破仑的营房，也接纳过诗人和作家的来访，英国的拜伦、德国的席勒，美国的华盛顿·欧文都曾到访红宫，在荒草和瓦砾间寻找创作灵感，他们把阿尔罕布拉宫视为最浪漫的地方，宫内至今保留法国作家夏多布里昂睡过的卧房，诗人缪塞也是这里的常客。

这里也吸引过无数游吟乐人的行走，1896 年，吉他乐师塔雷加来到阿尔罕布拉宫，夕阳中，宫殿旧日王孙无迹可寻，颓塌的楼台间充斥乞丐，烽火硝烟，将一座红色城堡化为断壁残垣。塔雷加就此谱曲《阿尔罕布拉宫回忆》，以轮指在琴弦上的急速滑拨，悲颂红宫华丽的苍凉。

为还原宫殿昔日华彩，西班牙投入了漫长时间和大笔资金，多年修缮的努力没有白费，红宫被收入世界文化遗产，一跃成为世界级名胜，当年，康有为还专程前往西班牙南部，研习宫殿的土木建筑水准。

摩尔王朝结束后，有人去北非游牧，有的留在格林纳达，留守者与当地人联姻、结婚生子，一代又一代，乐呵呵，坚守在格林纳达。

这座曾被侵占的西班牙古城，一圈一圈，纵横交错，一脚进去，半天转不出来。

看看五线谱上的格林纳达：

> 格林纳达
>
> 我梦想的土地
>
> 我歌唱你
>
> 忧伤的玫瑰
>
> 摩尔女人反叛游荡的眼神
>
> 向我倾诉爱情……

这是已故意大利男高音歌唱家帕瓦罗蒂，在埃菲尔铁塔战神广场演唱的《格林纳达》，西班牙语演唱。

午后，老城 Albaicin 阿拉伯街区响板清脆，一对吉卜赛女郎扭动腰肢旋转出弗拉明戈热烈的妩媚，她们高傲的奔放带来预料之外的欢悦，格林纳达每个角落，因着一个个艺术灵魂的居住和流浪，充满弹性。

阳光，夜色，晨曦，暮霭……没有固定主题。

这里的神秘不阴暗，这里的欢乐不虚假，比忧伤还认真。

这里流行吉卜赛人的一句话：时间是用来流浪的，身体是用来相爱的，生命是用来遗忘的，灵魂是用来歌唱的。

很久以来对西班牙的向往，准确说是对流浪的渴望。

人并非失意或寻觅才流浪，生命原本就是流浪的过程，有人把生命局促于互窥互监，互猜互损；有人则将生命释放在大地长天，远山沧海。

红宫颓墙断壁

晨曦，
阿尔罕布拉宫

全世界介绍格林纳达的图片，如果有一幅，那一定是阿尔罕布拉宫，如果有一本书，封面，必然是红宫。

走过格林纳达，看过阿尔罕布拉宫，便接近了西班牙文明的脉络。

《我的祖国》

中学音乐课。老师带学生听贝多芬、莫扎特。

晦涩深奥，满堂昏睡。

又一节课，老师宣布讲捷克作曲家斯美塔那，听他的交响套曲《我的祖国》。

按下录音机，五十人的教室，清扬的《伏尔塔瓦河》流淌而来……边听，边暂停，边讲解：溪水明澈，河流湍急，猎人号角嘹亮，两岸牛羊满坡，森林葱郁，月光倾泻，"《伏尔塔瓦河》是《我的祖国》的最华彩乐章……"

我慵懒的神经，瞬间被水流唤醒，如石破天惊，豁然开朗，数月沉闷的音乐课，戏剧化变身大剧院音乐会。

斯美塔那，为一个听不惯贝多芬、莫扎特的人，打开一扇看得见山、望得到水的豁朗界面，抽象的交响乐，不再沉重。

我肯定，每个人的中学记忆都流淌过伏尔塔瓦河，听，两支长笛吹出清澈的溪流，尔后，双簧管和小提琴轰鸣出河水一路奔腾布拉格……每一枚音符，充沛而欢悦，融入作曲家对捷克森林、草原及河流的深情。听《伏尔塔瓦河》，总有一种重温《黄河大合唱》的感受，这种感受便是记得住乡愁、自豪我的祖国。

多年以后，我来布拉格寻找旋律上的伏尔塔瓦河，竟发现布拉格的主角不是河，是查理桥。这座桥，被导演拍成电影，被作家、音乐家深情颂赞，诱惑无数有梦想的青年、中年和老年，在这里拥来荡去，摩肩接踵，不舍昼夜。

查理桥，苍老而压抑，有人将它形容为"世纪末阴郁和嘈杂的混搭"，论建筑，坦率讲我并不喜欢布拉格，刷成红、粉、黄、绿、蓝的房屋聚集在大河两岸，全无宣传图片所呈现的视觉冲击力和童话色彩，反倒有土豪炫富的庸俗。

努力拨开人群，穿行在砖石剥裂的老桥，鼓噪、拥挤。我无法将眼前的湍流与当年奔涌在五线谱的大河联系在一起。我为河而来，可以肯定，没有斯美塔那我不会来，我不是布拉格的追崇者。

诚然，一座城市，有一个人让你系念，一条河让你倾慕，一首旋律使你豁朗抖擞，布拉格之行便具有了意义！

为寻最佳角度观河，我跑到老城外围的另一座桥，意外发现河心孤岛像极了巴黎西岱岛，从这儿看去，布拉格就是巴黎的山寨版。沿岸艳丽繁杂，眼花缭乱，花红柳绿有些俗气。欧洲城市太过雷同，到底谁模仿谁？

心中千百次澎湃的大河，你在哪儿？

执意穿城南下，摸到南郊小镇维瑟拉德（Vysehrad）。这里，是捷克民族的发祥地，也是斯美塔那《我的祖国》第一乐章的标题，在这部爱国交响乐中，他正是从维瑟拉德村庄写起。

小镇，托举在红砖垒筑的城墙上，巍峨霸气，颐指气使，城区大教堂直插云霄，俯视伏尔塔瓦河逶迤浩渺。我绕到后面的捷克名人墓园，音乐家、总统、文人汇聚于此，斯美塔那也跻身其中。

依照巴黎拉雪兹墓地的经验，我在墓园入口寻名人墓碑方位指示牌，未果。

直接进入。心想偌大墓园哪里寻得斯美塔那？往右，走了几步，一组金色五线谱在黑色碑石上闪耀，直觉告诉我，这些描成金黄、跳跃的"蝌蚪"一定是《我的祖国》第二乐章《伏尔塔瓦河》。石碑上刻着斯美塔那的名字、生卒年月和乐谱，下方依次是捷克语"Ma vlast"（我的祖国）和《我的祖国》交响套曲六个乐章的小标题。我看懂了前两个标题，一个是

"Vysehrad"（维瑟拉德），即这个村庄的名字，另一个是"Vltava"（伏尔塔瓦河）。

墓碑清简、高洁，没有多余字的颂赞，五线谱及"《我的祖国》（Ma vlast）"已足够厚重。

我在斯美塔那墓碑前左右打量，流淌心中的伏尔塔瓦河再次澎湃而至……我曾千百次想象大河的模样，揣摩作曲家的故乡、他的音乐足迹，以及，他长眠的地方。

此刻，我真切地来了，就在他面前。蹲下，拍照，刻着"Ma vlast"的碑石边缘有白色鸟粪的痕迹，从地上划拉起一把树叶擦拭，擦不掉，又掏出纸巾，蘸着花草的露水再擦。终于，"Ma vlast（我的祖国）"纯净、圣洁地进入我的相机。

三十年前，《我的祖国》注入心田，三十年后，《我的祖国》收入镜头。

布拉格城堡

一对老年夫妇在我身边停下。"碑石边缘有干裂的鸟粪，我希望《我的祖国》在镜头中是干净的图像。"我说。

"你的做法是对我们捷克作曲家的尊重，"老人指着斯美塔那墓碑上的头像，"你看，他的墓安置在墓园入口最显著位置，表明他在捷克人心目中的地位。"

我去过许多国家的名人墓，从没打扫过任何一个墓碑，斯美塔那例外，这不关乎崇拜，只因《我的祖国》。

各国都有以河为题的音乐作品和舞蹈，我追过爱尔兰《大河之舞》，痴迷过《月亮河》，唱过引领80年代中国歌坛的《巴比伦河》，也曾在国家大剧院亲临壮阔恢宏的《黄河大合唱》，于我，这些关乎"河"的艺术作品，已不单是文艺演出，而是艺术家用心谱写"爱我祖国"的赞歌。

离开墓园，沿小镇攀缘而上，伏尔塔瓦河，水面宽阔，迂缓流泻。此刻，我终于能够安静地注视大河，准确讲，它十分普通，不具黄河在壶口两岸苍山夹持、河水聚拢呼啸跃入深潭的气势，而八方人流依然涌来，包括我，为哪般？

布拉格之春

为斯美塔那，为实证中学音乐老师播撒的旋律梦想。

这里，视角宽阔，适合创作与传扬，画家临摹大河，摄影人捕捉河岸密林，不问收获，重在与河流天空为伍。

"是旅游者？怎会跑来这个无人地带？"写生的人问我。

"寻斯美塔那，看河的另一种形态。"

"河对岸那片森林就是他套曲中村民围圈跳波尔卡的地方，伏尔塔瓦河由此变得通俗易懂。"

我马上分享了他的观点，"的确，《伏尔塔瓦河》某个乐段就像喧闹的菜市场，蔬果琳琅无比亲切，真实得触手可及。"

伏尔塔瓦河

他笑了。

远处，大河波光潋滟，日光炯碎。

一条河，一个人，让布拉格成为世界的坐标。

晚饭在布拉格老城餐馆，我问服务生有没有 Ma vlast（我的祖国）CD？

他睁大眼睛无比惊讶："你会说捷克语？"

"刚从墓园学的。"

翌日，在维瑟拉德墓园，捷克国家交响乐团奏响《我的祖国》，致敬民族英雄斯美塔那，献礼当日开幕的"布拉格之春"音乐节。

听，古老首都回响《伏尔塔瓦河》，洋洋兮，奔涌澎湃。斯美塔那，每年五月，"布拉格之春音乐节"有千重理由以你的旋律开场！

我爱《我的祖国》，那是从少年绵亘至今的旋律。

我爱以河为题的《黄河大合唱》，那是中华民族母亲河的赞歌。

后 记

美食一姐

吃吃喝喝，《葡萄酒之路》的主题。

早年，吃喝玩乐是不太光彩的命题。

我的生活大都忙于烟火，锅碗瓢盆第一，敲键盘第二，次序不能乱，为写稿废寝忘食不是我的风格。有句告白：本姐太物质，需要吃喝玩乐，其次才是工作及其他。

不少人起哄"欣赏我的'烟火'态度"，好友申梅称"现在这么接地气不装的人太稀缺"，其实不然，我只是不属于生命中只谈文学艺术就有幸福感的那种罢了。无远大梦想，从不设计人生，一枚不勤奋也不安分的佛系人，想写写，不想写就去荡，不为写而写。好多书稿框架是洗菜洗澡突然冒出的，有些构思是在地铁里七零八碎地用手机仓促记下。

半辈子都在采访别人写别人，这次，主要写自己，每篇都是我与普罗大众的故事，没有空话大话的命题作文，远离规行矩步的新闻套路，笔底逍遥，比军服还帅。好多战争题材取自心血来潮的游走，《阿拉斯广场》就这样生成，无目的开过去，意外赶上一战百年庆典，回程车上，行文于脑中自动构架，连夜呵成。不为谁写，不是约稿，就想写出来。

习惯这种散漫、即兴的节奏，我不是写稿机器，写东西需要沉淀和积累，就像葡萄田反复耕种要休耕。

美食美酒自古至今都是文化载体，法国厨师甚至著书立说，把烹调经验上升为哲学和艺术，坚信自己与萨特和毕加索只在伯仲之间，由此可见食事之大，那里的孩子被问长大想做啥，答案多是厨师、侍酒师。不敢与一级厨师比肩，而众人册封的"美食一姐"，我受之无愧。

做饭吃饭一向比写稿卖力，付出的时间、精力也巨大，多么充盈的事啊，一日不下厨心慌手痒，每晚不吃顿自己做的饭会觉一天不过瘾，脚踏厨房，就像面朝大海春暖花开，不折不扣为美食而生而活。众人眼中不值当抖落的灶台是我炫耀的资本，做饭，绝非家庭妇女的体力活，它包含工夫和爱。

饮酒好比吃饭，皆本能，几次在葡萄酒研习班混，是想摸清其来世今生，不是学喝酒，喝酒是味觉的自动选择非学而就。本书不渲染饮酒礼仪，也不号召爱酒、喝酒，而是通过葡萄酒之路的见闻，聊聊西半球的人过的是怎样的日子。当发现总统、部长、鞋匠都能制作鸭肝、奶酪、果酱，且都是修车、盖房、垦荒的行家里手时，你不必惊讶。他们的饮食方式自由、开放，食材简单，烹饪简约，餐馆小且暗，没有包间，更别提唱 K 的包房，树荫下，马路牙子边，酷暑烈日，寒冬凌厉，世世代代就这么简陋而简单地露天一坐，悠然自得，地老天荒。

在巴黎，曾经萨特和杜拉斯这等大文人出没的餐馆，餐桌也是一年四季摆马路上，边看行人，边闻机动车尾气，吃啊喝的。不要小视粗陋的马路牙子，灵感和哲思都从这儿生发。我去过不少酒庄的品酒会，也全都在室外随便弄个老掉渣的木桌进行，好几次甚至连把椅子都没的坐。

极简，原始，风餐，也许更能定义法兰西饮食风尚，这种形式用咱们的标准真的是"不高级"。餐馆里面用餐更惨，六十厘米见方的小桌一个挨一个放，几乎不留间隙，上个洗手间都得连椅子带桌子地挪开。电视台发过一段视频，法国某城，冬天，一对中年夫妇在露天座等上菜，侍酒哥拿着一瓶红酒从餐馆走出来为他们倒酒，酒液被西北风刮得歪歪扭扭飘到玻璃杯外，夫妻俩仍紧把酒杯，就着五级大西洋海风，瑟瑟发抖地你一口我一杯地喝着，女人的头发胡乱吹进酒杯，也不吝。

这种极简甚至简陋的就餐环境便是西方饮食文化的精髓。露天晾晒的习俗便罢，而就着西北风吃喝，此种"浪漫"，我永远不懂。

1963，1895，1798，1677，这些越来越小的年代数字频繁出现在他们开的车、住的房和用的家具上，越旧越值钱，越老越有品，拿破仑时代的国家公路始终在用，路面窄得会个车都费劲，三四十年都甭想见着哪儿修路筑桥。有些理念是基因里带的，东西方之差，无对错。

与酒农同吃同住同劳动的日子，并非陶醉酒堡之魅，也非喝了多少大酒，而是发现这些不立大志、讲吃会喝且精通各类农事的人，与我吃喝玩乐挚爱农耕的天性那么契合，一瓶酒，一块地，一顶蓝天，便是生命的全部，其生活模式和城乡基建与70年代的中国县城如出一辙，强烈的共情促使我记录成书。

法国前总统希拉克是本书唯一的大人物，他离世后，我专程去到他长眠的蒙帕纳斯墓园，以《别了，希拉克》和《两米的距离》收官，与之前获奖的《你好，希拉克！》组成姊妹篇，传达中国记者向他的最后致意。

葡萄酒之路集合了太多有趣的灵魂：收留猫咪过冬的村民，手把手传授整枝除病的酒农，为我预留葡萄烤鹌鹑的集市商贩，驾渔船邀我乘风破浪大西洋的渔夫，大雪日带我下矿井的老矿工，义务担任讲解员的神秘巴黎人，滨州沾化枣园一起采摘的男女……

还有他，贴心、风趣的吉普驾驶员，在葡萄酒之路，我们并肩驰骋，观山河无恙，望日月悠长。

我喜欢把电脑搬到室外，阳光穿过椴树筛落键盘，字里行间，凌厉锐进，更出气象。

图书在版编目（CIP）数据

　　葡萄酒之路 / 王露露著 . — 呼伦贝尔 : 内蒙古文
化出版社，2023.8
　　ISBN 978-7-5521-2366-1

　　Ⅰ . ①葡… Ⅱ . ①王… Ⅲ . ①葡萄酒—介绍—法国
Ⅳ . ① TS262.61

　　中国国家版本馆 CIP 数据核字（2023）第 169630 号

葡萄酒之路
PUTAO JIU ZHI LU

王露露　著

责任编辑	白　鹭
封面设计	鸿儒文轩·末末美书

出版发行	内蒙古文化出版社
地　　址	呼伦贝尔市海拉尔区河东新春街4－3号
直销热线	0470－8241422　　邮编　021008

排版制作	鸿儒文轩
印刷装订	三河市华东印刷有限公司
开　　本	165mm×230mm　　1/16
字　　数	302千
印　　张	22
版　　次	2023年8月第1版
印　　次	2024年1月第1次印刷
书　　号	ISBN 978-7-5521-2366-1
定　　价	128.00元